인간은 아직 좌절하지 마

인공 지능이 흉내 낼 수 없는 인간다움에 대하여

인간은 아직 좌절하지 마

초판 1쇄 펴낸날   2024년 10월 18일

지은이   김재인
펴낸이   홍지연

편집   홍소연 김선아 김영은
디자인   박태연 박해연 정든해
마케팅   강점원 최은 신종연 김가영 김동휘
경영지원   정상희 여주현

펴낸곳   (주)우리학교
출판등록   제313-2009-26호(2009년 1월 5일)
제조국   대한민국
주소   04029 서울시 마포구 동교로12안길8
전화   02-6012-6094
팩스   02-6012-6092
홈페이지   www.woorischool.co.kr
이메일   woorischool@naver.com

ⓒ 김재인, 2024
ISBN 979-11-6755-296-9 43500

만든 사람들
편집   김선아
디자인   어나더페이퍼

인공 지능이 흉내 낼 수 없는 인간다움에 대하여

인간은 아직 좌절하지 마

김재인
지음

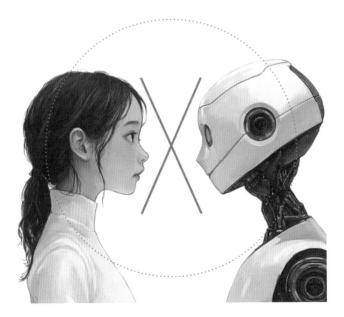

우리학교

들어가며

인공 지능은 인간의 지능 활동을 대신 해 주는 컴퓨터 프로그램입니다. 최근 엄청나게 발전하고 있지요. 이런 인공 지능을 보면 놀라움과 더불어 인간의 자리를 빼앗기면 어떡하나 하는 걱정이 마음속에 한가득 생깁니다.

그래서 우리는 인간을 다시 돌아보기 시작했습니다. 인간의 본질은 무엇인지, 기계로 대체할 수 없는 인간만의 일은 무엇인지, 기계를 어떻게 사용하면 좋을지 등등. 이렇게 보니 인간에 대한 물음 또한 마음속에 한가득 생깁니다.

철학자로서 예술 철학과 과학 철학을 하고 있는 저는 알파고가 이세돌을 이긴 사건으로 떠들썩하던 2017년에 『인공지능의 시대, 인간을 다시 묻다』를, 챗지피티의 충격을 맞이한 2023년에 『AI 빅뱅―생성 인공지능과 인문학 르네상스』를 각각 출간했습니다. 모두 인공 지능이 정확히 무엇인지, 어떤 일을 할 수 있으며 우리는 앞으로 어떻게 그와 더불어 살아가야 하는지를 열심히 모색한 이야기를 담고 있습니다. 인공 지능이 주요한 소재지만, 궁극적으로 탐구하는 것은 우리 인간이었지요. 인공 지능 시대를 맞이하면서 우리는 우리 자신, 즉 인간이란 누구인지에 대해 새롭게 깨닫고 있습니다.

앞선 두 책도 많은 사람이 읽을 수 있도록 쉽게 쓰고자 노력했지만, 청소년 여러분에게 권하기에는 다소 어려운 것이 사실이에요. 여러분이야말로 인공 지능에 누구보다 호기심이 많고 또 앞으로 본격적으로 인공 지능 시대를 준비해야 하는 당사자이기 때문에, 여러분에게 다가갈 수 있는 책이 필요하다고 느꼈습니다. 그런 마음으로 이 책 『인간은 아직 좌절하지 마』를 준비했습니다.

글의 눈높이를 맞추는 데 김선아 편집자님이 어마어마한 도움을 주었고, 이 책에 등장하는 거의 모든 그림을 인공 지능을 활용해 생성해 주었습니다. 본문에서 따로 언급하지 않은 그림은 모두 인공 지능 미드저니로 생성한 것입니다. 이 이미지들을 보면 생성 인공 지능을 어떻게 활용할 수 있을지 살짝 엿볼 수 있을 거예요.

여러분 중에는 벌써 여러 인공 지능을 자유자재로 활용하는 사람이 있는가 하면, 아직 어떤 인공 지능에도 로그인해 보지 않은 사람도 있을 거예요. 이 책이 그 두 사람 사이의 간격을 줄이고, 누구나 인공 지능에 대한 이해를 한층 깊이 하는 계기가 되었으면 합니다.

이 책은 청소년의 눈높이에 맞추되, 기술적인 이야기가 부담스러운 어른 독자들의 요구도 고려했습니다. 인공 지능에 대한 오해와 두려움을 해소하고, 우리가 인간으로서 자각해야 할 내용과 키워야 할 역량에 관해 이야기하려고 애썼습니다. 인공 지능을 주제로 강연을 여러 차례 했는데, 그런 강연 현장에서 자주 나왔던 질문들에 대한 답변도 함께 담았습니다.

철학자 스피노자는 이해하면 두려움이 없어진다고 했습니다. 인공 지능에 관한 뜬소문에 일희일비하지 않으려면 무엇보다 먼저 인공 지능을 잘 이해해야 합니다. 이 책을 통해 여러분이 궁금증을 해소하고 자신감도 찾을 수 있었으면 합니다. 이해하고 나면, 용감해질 수 있습니다.

차례

1부   **생성 인공 지능에 이런 빈틈이?**

1부

생성 인공 지능에
이런 빈틈이?

챗지피티chatGPT,
제미나이Gemini,
미드저니Midjourney……

인간과 대화하며 글과 그림을 만들어 내는
인공 지능이 나타났습니다.
이른바 생성 인공 지능이 활약하면서
이제 인간과 인공 지능의 관계가 새로운 국면에 접어들었어요.
그런데 생성 인공 지능은 어떻게 그렇게
순식간에 뚝딱 글을 쓰고 그림을 그리는 걸까요?
그 비밀을 먼저 파헤쳐 보겠습니다.

초거대 언어 모델,
뭐가 거대한데?

왼쪽에 있는, 제가 그린 작품 한번 보시겠어요? 그럴듯하죠? 유화 같지만, 물감으로 그린 것은 아니에요. 저는 화가가 아니라 철학자랍니다. 하지만 이제 저 같은 철학자도 이런 그림을 5초면 그릴 수 있어요. 이 그림을 그리기 위해 제가 한 일은, 미드저니라는 생성 인공 지능에 로그인해서 '봄과 완벽한 조화를 이루는 머그잔이 있는 유화 정물화(Still life with a mug in perfect harmony with spring, oil painting)'라는 문장을 입력한 것뿐이에요.

요즘 하루가 다르게 생성 인공 지능을 활용한 작품이 쏟아지고 있습니다. 이제 놀랄 만큼 놀랐다 싶은데도 또 놀라운 것이 자꾸만 나타나요. 놀랍다 못해 두렵다는 사람도 생길 지경이에요. 생성 인공 지능은 어떻게 그렇게 쉽게 글을 쓰고 그림을 그려 내는 걸까요?

인공 지능, 텍스트를 학습하다

생성 인공 지능 중에서 가장 유명한 것으로, 오픈에이아이OpenAI 라는 회사에서 만든 챗지피티ChatGPT를 들 수 있어요. 챗지피티는 질문을 입력하면 금세 답을 생성해 내요. 인공 지능에게 묻기 위해 입력하는 질문을 '프롬프트'라고 하죠? 챗지피티는 프롬프트를 입력하면 글과 그림을 생성해 내지만, 프로그래밍 코드나 음악, 동영상 같은 미디어를 생성하는 인공 지능도 많아요. 이렇게 뭔가를 생성해 내는 인공 지능을 모두 생성 인공 지능이라 불러요.

생성 인공 지능은 기본적으로 초거대 언어 모델Large Language Model, LLM이라는 기술을 바탕으로 하고 있어요. 이 기술을 알면 생성 인공 지능의 원리를 조금 알 수 있습니다. 그런데 초거대 언어 모델이라니, 뭐가 거대하다는 걸까요?

인간은 아직 좌절하지 마

초거대 언어 모델은 인터넷에서 구할 수 있는 문자(텍스트)를 최대한 수집해서 그걸 데이터로 삼아 학습한 프로그램을 말해요. 법률, 백과사전, 시와 소설 같은 문학 작품, 역사책과 철학책, 신문 기사, 블로그에 올라온 글 등등 수집할 수 있는 모든 글이 데이터가될 수 있어요. 인터넷에는 수많은 데이터가 매일같이 올라오지요. 어제저녁에 뭐를 먹었는지 시시콜콜 수다 떠는 이야기부터 온갖 사진, 언론사의 뉴스, 수많은 음악과 동영상…… 이 중 초거대 언어 모델은 '일단' 텍스트로 된 데이터들을 학습했어요.(왜 '일단'이라고 했는지는 뒤에 나오는 멀티모달 이야기를 읽으면 알게 될 거예요.) 전 세계인이 하루에 얼마나 많은 텍스트를 인터넷에 올릴지 감히 상상도 되지 않지요? 이처럼 굉장히 많은 텍스트를 바탕으로 삼았다고 해서 초거대 언어 모델, 또는 대형 언어 모델이라고 불러요.

물론 인터넷에 올라와 있다고 해서 인공 지능이 모두 다 수집할 수 있는 것은 아니에요. 인공 지능이 접근할 수 없는 데이터도 있어요. 예를 들면 네이버에 쌓이는 데이터는 아무나 구하지 못해요. 네이버에서는 자기네 자료를 인공 지능이 수집하지 못하도록 오래전부터 손을 써 왔거든요. 구글 검색을 좀 해 본 사람이라면, 구글에서는 네이버 콘텐츠가 잘 검색되지 않는다는 걸 느꼈을 거예요.

초거대 언어 모델은
텍스트를 최대한 수집해서 그걸 데이터로 삼아
학습한 프로그램을 말해요.

네이버가 막아 놓았기 때문이에요.

중국어 데이터도 인공 지능이 학습할 수 있는 게 그리 많지 않아요. 중국은 디지털 자료를 공유하는 데에 소극적인 편이거든요. 15억 중국인에게서 나오는 데이터가 무척 많음에도 불구하고, 그것이 중국 바깥으로는 잘 흘러나오지 않아요. 이를 만리장성에 빗대어 중국에는 '디지털 만리장성Great Firewall'이 있다고들 해요. 만리장성이 영어로 그레이트 월Great Wall이고, 방화벽(화재를 막듯 인터넷 연결을 차단하는 보안 시스템)은 파이어 월firewall인데 이 둘을 합쳐 만든 말이에요. 중국은 디지털 데이터를 폐쇄적으로 관리한다는 뜻이지요.

또 중국은 아직 사상 검열이 있다 보니, 데이터의 신뢰성이 조금 떨어지는 측면도 있습니다. 예를 들어 1976년과 1989년에 두 차례에 걸쳐 톈안먼 광장에서 시위를 하던 많은 사람이 억울하게 목숨을 잃어 중국의 '흑역사'라 할 수 있는 '톈안먼 사건'에 관한 정보라든가, 중국 국가 주석 시진핑에 관한 비판적인 이야기는 유통이 잘되지 않고 검색도 잘되지 않아요. 그러니 초거대 언어 모델이 학습하기도 어려워요.

반면 구글은 자기네 데이터를 인공 지능이 수집할 수 있도록 했어요. 구글에서 수집하는 텍스트만 해도 어마어마해요. 수많은 나라에서 자기네 언어로 구글 검색을 하니, 웬만한 언어로 쓰인 텍스트를 다 수집할 수 있지요. 많은 사람이 쓰는 영어 텍스트가 가장 풍요로울 테고, 그 외에 다른 유럽 언어 즉 프랑스어, 독일어, 이탈리아어, 포르투갈어, 스페인어 텍스트도 많아요.

그걸 인공 지능은 어떻게 학습할까요? 우리가 공부하는 것과 크게 다르지 않아요. 그냥 외워요. 엄청나게 많이 외운다는 점에서 좀 다르긴 하나, 외운다는 것 자체는 우리가 공부할 때 암기하는 것과 비슷해요. 많이 외우고 거기서 어떤 패턴을 찾아낸 후에, 그걸 이용해서 인간이 원하는 것을 생성하는 것이 바로 생성 인공 지능의 원리입니다. 그 많은 걸 외우느라 인공 지능이 얼마나 힘들겠냐며 안타까워하는 사람은 없겠죠? 아무리 많이 학습시켜도 인공 지능은 지치거나 괴로워하지 않습니다.

언어 공부는 할 만큼 했다?

대표적인 인공 지능인 챗지피티가 기반하고 있는 초거대 언어

인간은 아직 좌절하지 마

모델은 1750억 개의 '매개 변수'를 갖고 있다고들 해요. 이때 매개 변수란 쉽게 말해 관계의 개수를 말해요. 챗지피티는 인터넷에서 단어를 긁어모아 학습하는데 그냥 단어의 뜻만 외우는 것이 아니라 단어들 사이의 관계도 학습해요. 그렇게 학습한 관계의 개수가 1750억 개에 이른다는 거죠.

1750억이라는 숫자를 보면 어떤 생각이 드나요? 챗지피티가 알고 있는 관계의 개수가 1750억 개쯤 된다면, 인간이 쓰는 거의 모든 단어의 관계를 안다고 말할 수 있지 않을까요? 과학자들은 정말로 그렇다고 말해요. 이미 인터넷에는 사람들이 하는 웬만한 이야기가 다 올라와 있어요. 백과사전이나 책도 아주 많습니다. 챗지피티는 이를 기반으로 엄청나게 많은 언어를 학습했어요. 그래서인지 챗지피티를 만든 오픈에이아이에서는 현재 챗지피티가 학습하는 매개 변수 수를 더는 공개하지 않고 있어요. 매개 변수가 더 큰 폭으로 늘어나지 않고 있고, 또 더 늘어난다고 한들 그것이 이제는 큰 의미가 없는 수준이기 때문이에요. 언어에 관한 한 챗지피티는 이제 공부를 할 만큼 했다고 추정할 수 있습니다.

학습한 뒤엔 뭘 할까?

그럼 챗지피티 같은 생성 인공 지능은 어떻게 문장을 생성해 내는 걸까요? 그 원리는 조금 특이해요. 인간이 글을 쓰는 방식과는 다소 다릅니다.

언어 생성 인공 지능은 크게 두 가지 일을 할 수 있어요. 첫째, 어떤 단어의 다음에 나올 단어를 추천하기. 둘째, 문장 중간에 나 있는 구멍 메우기. 이 두 가지 능력을 바탕으로 문장을 만들어 내지요. 예컨대 인공 지능은 엄청난 데이터 학습을 통해 '나는'이라는 말 다음에는 '너를'이라는 말이 많이 나오더라, 또 그다음에는 '사랑해'라는 말이 가장 많이 이어지더라 하는 것을 알게 되었어요. 그렇게 다음 단어를 계속 추천하는 방식으로 '나는 너를 사랑해.'라는 문장을 생성해 내는 거예요. 또 문장의 구멍을 메우는 것도 할 수 있어요. '나는 ○○를 사랑해.'라는 문장이 있을 때, ○○에 들어갈 단어를 찾아낼 수 있어요.

그런 방식으로, 챗지피티와 같은 인공 지능은 사람이 질문을 하면, 즉 프롬프트를 입력하면 학습했던 단어들 사이의 관계를 재구성해서 글을 써냅니다. 흔히 챗지피티를 생성 인공 지능이라 하지만, 엄밀하게 말하면 챗지피티는 문장을 '생성'하는 것이 아니라 재구성해서 내놓는 거예요. 챗지피티는 단어와 단어 사이의 관계를 '인출'한다고 말할 수 있어요. 어떤 단어 다음에는 어떤 단어가 나온다는 것을 알고 꺼내니까요. 한국어도 그렇지만 모든 언어에는 아주 많은 단어가 있고 그 단어들 사이에는 관계가 있어요. 어떤 건 느슨하고 어떤 건 긴밀하죠. 그 복잡한 입체 지도 안에서 문장을 꺼내는 겁니다.

'인출'이라고 말했지만, 챗지피티는 우리가 냉장고에서 사과를 꺼내듯이, 통장에 있는 돈을 현금 인출기에서 뽑듯이 문장을 꺼내는 건 아니에요. 사과나 돈이 원래 들어 있어서 그걸 꺼내는 것이 아니라, 학습된 내용에 기초해서 '잠재적인 상태'로 있는 것을 꺼내면서, 그 과정에서 구체적인 형태를 부여하는 것에 가까워요. 3D 프린터가 갖고 있던 정보를 바탕으로 필요한 물체를 출력하듯이, 인공 지능도 잠재적인 정보를 문장으로 '출력'해 낸다고나 할까요?

텍스트와 이미지를 짝짓다

그런데 제가 이 글의 맨 처음에 보여 드린 것은 텍스트가 아니라 그림이었지요. 인공 지능이 텍스트만 학습했다면 어떻게 그림까지 그려 낼 수 있는 걸까요?

초거대 언어 모델이 구축되자, 개발자들은 인공 지능에 한 가지를 더 학습시켰어요. 바로 텍스트와 이미지를 짝지어 학습시킨 거예요. 예를 들어 개 사진을 두고 '개'라는 텍스트와 짝을 지어 주는 겁니다. '모기장'이라는 단어와는 모기장 이미지를 짝지어 주고요. 물론 그림 한 개가 아니라 수천 개와 짝짓지요.

이 짝짓기는 우리도 평소에 많이 하고 있어요. 우리는 인스타그램에 사진을 올릴 때 해시태그를 붙이죠? 새로 생긴 빵집에서 베이글을 하나 산 뒤에 그걸 사진으로 찍어 인스타그램에 올리면서 '#베이글' '#블루베리_베이글' '#새로_생긴_빵집' 이런 식으로 태그를 붙이잖아요. 이미지와 텍스트를 짝지어요. 의도하지는 않았지만 이런 행동을 통해 우리가 인공 지능에 답을 알려 준 셈이에요.

이렇게 텍스트와 이미지를 짝지어서 학습시킨 인공 지능을 '멀티모달 모델multimodal model'이라고 불러요. 텍스트와 이미지를 짝짓기도 하지만, 텍스트와 소리, 텍스트와 코드 등을 짝짓기도 해요. 텍스트와 다른 무엇을 짝짓는 것은 모두 멀티모달입니다.

이렇게 학습하고 나면 이제 인공 지능은 사람이 텍스트를 입력했을 때, 그에 맞는 그림을 생성하는 것도 가능해져요. 예컨대 사람이 '거리에 있는 신호등'이라는 문장을 입력하면 그에 대응하는 이미지를 생성해 낼 수 있는 거예요. 이런 것이 바로 이른바 그림 생성 인공 지능인 '미드저니Midjourney' '스테이블 디퓨전Stable Diffusion' '달리Dall-e'와 같은 것이 하는 일이에요.

텍스트만 보고 그에 맞는 이미지를 생성하는 것이어서 사실 우리가 보기에는 엉터리도 많아요. 완성도가 매우 높은 것도 있고, 어린아이가 그린 것보다 더 엉성한 것도 있죠. 인공 지능의 버전이 높아질수록 훨씬 더 실사에 가까운 이미지가 나오고 있지만, 그래도 그중에는 유치한 것이 꽤 섞여 있을 거예요. 수준 낮은 것이 많아도 문제없어요. 그중에 괜찮은 것을 골라 쓰면 되니까요.

저작권은 어쩌지?

그런데 인공 지능이 기존에 있는 수많은 그림을 학습하는 것에는 한 가지 문제가 있어요. 바로 저작권 문제예요. 예컨대 다음 작품을 볼까요? 생성 인공 지능 '스테이블 디퓨전'이 만든 그림이에요. 딱 10개 단어로 된 문장을 입력했더니 이렇게 멋진 그림을 만들어 냈지요. 바로 이 문장이에요.

"Caspar David Friedrich, a cat above the sea of fog."

우리말로 번역하면 "카스파르 다비트 프리드리히, 안개의 바다 위에 있는 고양이." 정도가 되겠지요. 이 문장만으로 어떻게 이렇게 멋진 그림을 생성해 낼 수 있었을까요? 비밀은 바로 그다음 그림에 있어요. 독일 화가인 카스파르 다비트 프리드리히가 1817년에 그린 〈안개 속의 방랑자〉라는 작품이에요. 스테이블 디퓨전이 그린 그림과 거의 비슷하죠? 그림 속의 사람을 고양이로 바꾼 정도지요. 만약 사람이 이렇게 그렸다면 저작권을 침해했다고 해도 할 말이 없어요.

다행히 프리드리히는 19세기에 활약한 화가라서 그의 작품은

○— 스테이블 디퓨전으로 생성한 그림.

〈안개 속의 방랑자〉

저작권 문제가 없어요. 우리나라를 비롯해 세계 여러 나라에서는 법적으로 창작자의 사후 70년까지 저작권을 보호해요. 사후 70년이 훌쩍 넘은 프리드리히의 그림은 저작권 문제가 없지만, 인공 지능이 모두 이렇게 오래된 그림만 학습하는 것은 아니에요. 인터넷에는 웹툰, 일러스트, 애니메이션과 같은, 살아 있는 작가가 그려서 저작권도 '살아 있는' 그림이 많아요. 피카소나 뒤샹, 마그리트, 달리처럼 우리가 아는 꽤 많은 화가의 작품도 아직 화가의 사후 70년이 지나지 않았기 때문에, 저작권이 엄연히 살아 있어요. 이런 작품들이 인터넷에 올라와 있다고 해서 인공 지능이 제멋대로 학습하고, 그걸 바탕으로 비슷한 작품을 생성해 낸다면 큰 문제가 되겠죠? 실제로 이 문제를 둘러싸고 현재 첨예한 논쟁이 벌어지고 있는 중이에요.

이런 문제가 도사리고 있기는 하지만, 기술만 보자면 글과 그림을 생성하는 인공 지능의 능력은 꽤 놀라운 수준까지 왔어요.

인공 지능의 등장, 대단한 사건

이렇게 능력이 뛰어나다 보니, 챗지피티를 비롯해 여러 생성 인공 지능이 등장했을 때 사람들이 받은 충격은 이루 말할 수 없었습니다. 지금도 그 충격의 여파가 가시지 않았죠. 2016년에 알파고가 등장해서 이세돌을 4 대 1로 꺾어 버렸을 때도 많은 사람이 충격을 받았지만 그때와는 또 달라요. 그때만 해도 바둑의 세계에 한정된 충격이었죠. 바둑을 안 두는 사람은 그냥 그런가 보다 했어요. 하지만 챗지피티는? 온 세상 사람이 다 씁니다. 안 써 본 사람이 별로 없어요.

청소년들도 써요. 여러분도 숙제를 할 때 한 번쯤 챗지피티에게 물어본 적이 있을 거예요. 특히 글쓰기 숙제가 있으면 이제는 챗지피티에게 먼저 물어보고 싶은 충동이 일 정도지요. 게다가 메신저에 쓰듯 질문만 입력하면 되니 이렇게 쉬울 수가 없어요. 그러다 보니 많은 사람이 '이제 인공 지능이 여기까지 왔구나.' 하는 것을 피부로 느꼈습니다.

실제로 챗지피티의 등장은 인공 지능 개발의 역사에 한 획을 그은 사건이에요. 저는 이것을 '인공 지능 빅뱅'이라고 표현했습니다. 다른 학자들은 '캄브리아기의 대폭발'에 비유했는데, 저는 거기에서 한발 더 나아간 거예요. 캄브리아기의 대폭발은 생명 종이 갑자기 늘어난 사건이에요. 생성 인공 지능이 무척 다양해지고 여기저

인간은 아직 좌절하지 마

기서 쓰이는 것을, 5억여 년 전 지구에 생명 종이 폭발적으로 늘어난 사건에 비유한 것이죠. 그런데 빅뱅은? 빅뱅이라는 대폭발을 통해 이 우주가 생겨났죠. 아예 새로운 세상이 탄생했어요.

저는 생성 인공 지능이 지금 이런 수준의 충격을 주었다고 생각해요. 생성 인공 지능은 질적으로 한 단계 다른 변화를 몰고 왔습니다. 이제 인간과 인공 지능이 관계를 맺는 방식이 새로워졌어요. 다시는 과거로 돌아갈 수 없게 되었습니다. 인간과 대화 형식으로 동작하며 글과 그림 등을 만들어 내는 인공 지능이 나타났다는 건 그만큼 대단한 사건이에요.

그런데 너무 대단하다 보니, 사람들이 실제 이상으로 인공 지능을 오해하거나 지레 겁먹는 경향이 있어요. 이제 인간이 할 일은 없는 것인가, 인간은 인공 지능을 도저히 따라갈 수 없겠다 하며 좌절하는 이야기도 많이 들려왔어요. 하지만 이런 좌절은 섣부릅니다. 인공 지능의 원리를 좀 더 깊이 알고 나면 이 대단한 인공 지능에 빈틈이 꽤 많다는 걸 발견할 수 있거든요.

인공 지능이 생성한 글은 완벽할까?

챗지피티가 처음 세상에 나온 뒤, 어떤 짓궂은 사람이 챗지피티에게 이렇게 물었어요.

▶▶▶

조선왕조실록에 기록된 세종 대왕 맥북 프로 던짐 사건에 대해 알려 줘.

조선 시대에 맥북이라니, 이게 대체 무슨 소리일까요? 하지만 챗지피티는 망설임 없이 이런 답을 내놓았습니다.

인간은 아직 좌절하지 마

> ▷▷▷
>
> 세종 대왕의 맥북 프로 던짐 사건은 조선왕조실록에 기록된 일화로, 15세기 세종 대왕이 새로 개발한 훈민정음(한글)의 초고를 작성하던 중 문서 작성 중단에 대해 담당자에게 분노해 맥북 프로와 함께 그를 방으로 던진 사건입니다.

정말 어이없죠? 비슷한 사건은 또 있습니다. 누군가 허시 초콜릿을 살짝 비틀어 '허씨 초콜릿'의 역사를 물었더니, 챗지피티가 이런 글을 생성한 적이 있어요.

> ▷▷▷
>
> 허씨 초콜릿의 역사는 대한민국 근현대사에서 중요한 사건 중 하나입니다. 1950년대 초반, 한국 전쟁 이후 북한에서 남한으로 대량의 전쟁 포로들이 송환되었습니다. 이때 허만식이라는 남한군 대위는 전쟁 포로로 남한을 떠나 미국으로 이송되었습니다.
>
> 미국에서 허 대위는 군에서 배운 초콜릿 제조 기술을 이용해, 1970년대 중반에 허씨 초콜릿을 창업합니다. 허 대위는 아메리칸 드림을 실현하며, 허씨 초콜릿은 대한민국에서 매우 인기를 끌게 되었습니다.

너무 그럴듯해서 더욱 어이가 없어요. 누군가 이 글 아래에 이런 댓글을 써 두었더군요.

"모르면 모른다고 해라."

똑똑하다는 인공 지능이 왜 자꾸만 이런 '헛소리'를 하는 걸까요? 이런 헛소리는 생성 인공 지능이 지닌 한계를 정확히 보여 줍니다.

인공 지능은 텍스트를 학습할 때 진짜 정보와 가짜 정보를 구분하지 않아요. 인공 지능에게는 가짜와 진짜가 없거든요. 신화나 소설에 등장하는 이야기와 사람들이 하는 거짓말, 위대한 문학 작품과 블로그에 쓴 글을 구분하지 못해요. 인공 지능에게 모든 텍스트는 동등합니다. 단지 이런 키워드에는 이런 단어가 많이 이어지더라 하고 계산할 뿐이지요.

인공 지능은 오직 단어 사이의 관계만을 보고 글을 생성해요. 그러다 보니 이런 웃지 못할 사건이 일어나지요. 최근 인공 지능이 더욱 발달하면서 오류도 줄어들긴 했습니다. 하지만 여전히 완벽하지는 않아요. 문제는 또 있어요.

인간은 아직 좌절하지 마

고양이 사진에 해시태그는 개?

만약 어떤 사람이 인스타그램에 고양이 사진을 올릴 때 '#개'라고 해시태그를 붙이면 어떻게 될까요? 그리고 그걸 인공 지능이 학습한다면? 방금 말했듯 인공 지능은 사실인지 아닌지 판단하면서 학습하지 않아요. 그냥 무작위로, 있는 그대로 받아들여요. '누군가 태그를 잘못 달았군.' 하면서 스스로 수정해 갈 리는 없어요. 고양이 사진을 보고 개라고 학습하게 될 거예요. 이런 데이터를 많이 학습하게 되면 어떻게 될까요? 생성 인공 지능이 내놓는 문장은 점점 믿을 수 없게 될 거예요. 이 바쁜 세상에 누가 굳이 일부러 애써서 해시태그를 엉뚱하게 달겠느냐고요?

놀랍게도 이런 일을 전문으로 하는 프로그램이 있답니다. '나이트셰이드 Nightshade'라는 프로그램은 그림에 엉뚱한 설명을 다는 것을 전문으로 하는 프로그램이에요. 이미지 픽셀에 보이지 않는 수정 사항을 넣어서 인공 지능이 데이터를 잘못 해석하게 만듭니다. 인공 지능이 올바른 지식을 학습하지 못하도록 일부러 교란하는 거죠. 왜 그런 일을 할까요?

인공 지능은 사실인지 아닌지 판단하면서
학습하지 않아요.

그 목적은 진지해요. 바로 작품의 저작권을 보호하기 위해서예요. 앞서 인공 지능이 저작권이 엄연히 살아 있는 작품을 닥치는 대로 학습하는 것이 큰 문제라고 말한 바 있지요. 이런 문제가 생기자, 인공 지능이 자기 작품을 학습하는 것을 막고 싶은 사람들이 생겼어요. 그래서 인공 지능으로부터 자기 작품을 지키기 위해 이런 프로그램을 적극적으로 활용하는 겁니다.

이 프로그램은 미국 시카고대학교의 연구 팀이 만들어 2024년 1월에 출시했는데, 출시한 지 닷새 만에 다운로드가 약 25만 번이나 되었다고 해요. 자기 작품이 인공 지능 훈련에 무작위로 사용되는 것을 경계하고자 하는 예술가들의 의지가 그만큼 강력하다고 할 수 있어요. 이런 프로그램이 계속 쓰인다면 어떻게 될까요? 인공 지능이 학습한 데이터의 10퍼센트 정도만 왜곡되어도 인공 지능이 내놓는 정보에는 문제가 아주 많아지겠지요?

꼭 이런 프로그램을 쓰지 않더라도, 우리가 인터넷에 올리는 정보에는 처음부터 틀린 것이 많아요. 또 사회적으로 문제가 되는 데이터도 많지요. 아주 야한 사진이나 폭력적인 글, 혐오나 차별이 섞인 글 같은 것 말이에요. 그래서 생성 인공 지능을 개발하는 기업에서는 인공 지능이 이렇게 문제가 있거나 잘못된 데이터를 학습하는 것을 막아 내려고 노력하고 있어요.

어떻게 막을 수 있을까요? 그 방법은 생각보다 단순해요. 케냐와 같은, 영어를 쓰지만 인건비가 비교적 낮은 지역에서 사람들을 고용해서 한 시간당 1.5달러쯤 주고는 잘못된 데이터나 문제가 있는 데이터를 걸러 내도록 하고 있어요. 인공 지능의 오류를 사람이 하나하나 다시 체크하다니, 좀 비효율적이지요?

게다가 이런 방식은 또 다른 문제도 일으키고 있어요. 하루 종일 폭력적이거나 유해한 글과 그림을 들여다보는 것이 직업이라면, 아무리 일이라도 그 사람의 마음이 얼마나 피폐해질까요? 돈을 벌기 위해 하는 일이라지만, 일이 너무 고통스러우면 사람의 정신 건강을 해칠 수 있지요. 인공 지능의 발전을 위해 사람에게 이런 일을 하도록 하는 것이 옳은지, 의문이 드는 지점입니다.

사과가 조금씩 골고루 썩었다면

여러 원인으로 인해, 과학자들에 따르면 챗지피티가 내놓는 문장의 10퍼센트 정도에 오류가 있어요. 그런데 이 오류의 모습이 심

상치 않아요. 사과에 비유해 볼까요? 바구니에 든 사과 10개 중에 썩은 사과가 10퍼센트 있다고 하면 보통 10개 중에 1개가 썩었다는 뜻으로 생각하겠죠? 그럼 그 썩은 사과 1개만 골라내면, 멀쩡한 사과만 들어 있는 바구니를 만들 수 있어요. 어렵지 않아요.

그런데 챗지피티의 오류는 사과 10개가 모두 10퍼센트씩 썩어 있는 것에 가까워요. 오류가 조금씩이지만 골고루 퍼져 있어서, 어느 하나를 골라내기가 참 어려워요. 이 오류를 골라내 챗지피티를 더욱 완벽하게 만들고 싶은 개발자들로서는 너무나 골치 아픈 상황이지요.

그래서 챗지피티가 쓴 글을 그대로 믿는 것은 위험해요. 그 글에는 반드시 헛소리가 포함되어 있거든요. 인공 지능 전문가들은 이를 흔히 '환각hallucination'이라고 불러요. 인공 지능이 생성해 낸 데이터에는 늘 환각이 있어요. 이것을 곧이곧대로 믿었다간 큰코다칠 수 있습니다.

인공 지능 회사들은 이 환각을 없애기 위해 다른 기술을 개발하기도 해요. 가장 대표적인 것이 래그RAG, Retrieval-Augmented Generation와 같은 기술이에요. 이 기술은 특정한 자료만 학습한 뒤 그 안에서만 답하도록 하는 거예요. 예컨대 땡땡고등학교에 있는 공식 문서만

챗지피티의 오류는 사과 10개가
모두 10퍼센트씩 썩어 있는 것에 가까워요.

을 학습한 뒤 그 문서의 내용만을 바탕으로 답하게 한다면, 인공 지능의 환각이 크게 줄어들 수 있겠지요? 또 백과사전만 딱 학습한 뒤에, 그 안의 내용만 토대로 답을 한다면 역시 오류가 크게 줄어들 거예요. 실제로 요즘에는 책이나 논문을 피디에프PDF 형태로 올리고는 그 안에서만 답하도록 하는 기능이 많이 활용되고 있어요.

그럼 이렇게 문제를 열심히 걸러 내고 또 올바른 자료만 학습하도록 한다면, 앞으로 챗지피티와 같은 생성 인공 지능은 더욱 완벽해지고 결국 인간을 능가하게 될까요? 인간의 자리는 그만큼 좁아지게 될까요?

좌절하기엔 아직 이릅니다. 왜냐하면 초거대 언어 모델이 다름 아닌 인간의 언어를 학습해 탄생했기 때문입니다. 인간의 언어가 완벽한가요? 그렇지 않지요. 바로 여기에 초거대 언어 모델의 근본적인 공백이 있습니다.

3
언어는
세계의 일부분에 불과해

챗지피티에게 사랑이 뭐냐고 물어보면 뭐라고 대답할까요? 제가 방금 물어봤더니 이렇게 말해 줍니다.

▷▷▷

사랑은 다양한 맥락에서 다르게 이해되고 경험될 수 있는 복합적이고 깊은 감정입니다. 이는 친밀감, 애정, 관심, 존경, 헌신 등을 포함하며 각 개인이나 문화에 따라 다양한 의미를 가질수 있습니다. 아래는 사랑에 대한 몇 가지 일반적인 측면들입니다.

인간은 아직 좌절하지 마

그러더니 애정과 관심, 헌신과 관용, 친밀감과 연결 등등 사랑의 여러 측면을 분석해 주네요. 그럴듯해요. 하지만 저는 끝까지 읽지도 않고 이렇게 외칩니다.

"네가 사랑을 알아!"

엊그제 사랑하는 사람과 헤어진 제 친구에게는 도무지 위로가 될 것 같지 않거든요. 혹시 이런 생각이 드나요?

'아니, 챗지피티가 그 이상 어떻게 아냐? 성격 참 이상하네.'

그렇다면 여러분도 생성 인공 지능의 속성 한 가지를 정확히 이해하고 있는 겁니다. 생성 인공 지능은 사랑도 글로 배운 것밖에 모른다는 것을요.

언어에 담기지 않는 것들

언어란 뭘까요? 인간의 언어에는 세상이 얼마나 담길까요? 이와 관련해서 오래전 유행어를 하나 소개해 볼게요. 혹시 요즘도 "요리를 글로 배웠어요." "축구를 글로 배웠어요." 같은 농담을 하나요? 한참 전에 꽤 유행했는데 저는 지금도 가끔 씁니다.

축구를 글로 배웠다는 건 무슨 뜻일까요? 글로 배워서 잘한다는 뜻일까요? 보통은 잘 못한다는 뜻으로 저런 말을 하지요. 축구는 직접 운동장에서 뛰고 몸으로 부딪히고 경험하면서 터득해야 하는 것이에요. 축구 책을 아무리 많이 읽는다 한들 축구 실력이 늘지는 않아요. 머리로 뭔가 배우기는 했지만 그 배움이 본질에 이르지는 못했다는 것, 어설프게 알고 있다는 것을 부끄러워할 때 저런 유행어를 쓰지요.

저는 이 유행어가 인간 언어의 한계를 잘 말해 주고 있는 것 같아요. 언어에 담기는 것은 우주의 극히 일부분일 뿐이라는 한계 말이에요. 세상에는 언어로 표현하기 어려운 것이 무척 많습니다. 극장에서 정말 재밌는 영화를 보고 난 뒤에, 게임을 하다가 순식간에 전세가 역전되었을 때, 엄마에게 억울하게 혼났을 때, 전학 가는 친구의 뒷모습을 바라볼 때, 마음속에 여러 감정이 일렁일렁 올라오지만 말로는 잘 표현이 안 되잖아요.

"속상해."

"아, 정말 짜릿해!"

"감동이 파도처럼 밀려와."

고작 이 정도 말로는 내가 느낀 감정이 다 설명되지 않지요. 제

아무리 세계적인 소설가라 해도 느낀 것을 언어로 다 표현하는 데에는 한계가 있을 수밖에 없어요. 그래서 정말 재미있는 영화를 보고 나서 그 감동을 말로 잘 전달하기가 어려우면 우리는 결국 이렇게 말하죠.

"네가 가서 직접 봐!"

인간의 경험 중 많은 것이 언어로 표현하기가 어려워요. 몸 안에서 일어나는 갈증, 허기, 통증을 우리는 분명히 느끼지만, 이를 글로 정확히 담아내기는 어려워요. 예술적 체험을 한 뒤에 느끼는 감동도 마찬가지예요. 분명 느끼지만, 누군가에게 온전히 설명하기는 참 어렵지요. 인간의 언어는 세계를 다 담아내지 못하기 때문이에요.

인터넷에 올라온 글을 아무리 많이 학습하더라도 그것이 '언어'인 한, 챗지피티가 아는 세계는 그저 글로 배운 세계일 뿐이죠. 인공 지능은 언어에 담기지 못하는 세계는 알지 못해요. 하지만 세계는 인간이 언어로 표현한 것보다 훨씬 더 풍부해요.

그 반대도 있어요. 인간의 언어는 이 세계에 없는 것도 담고 있어요. 신화, 환상, 꿈, 소설 속의 상상…… 이런 것은 이 세계에 없는 것이에요. 혹시 아직도 산타클로스가 있다고 믿는 사람은 없겠지요? 산타클로스는 실재하지 않지만 사람들은 그런 허구의 캐릭터에 이름을 붙이고 이야기를 지으며 놀지요.

이런 예는 무수히 많아요. 그리스 로마 신화에 나오는 제우스 신, 영웅 헤라클레스는 실제로 이 세상에 존재하지 않아요. 거짓말을 하면 코가 길어지는 피노키오, 사랑스러운 소녀 빨간 머리 앤 모두 문학 속에서 살아 있을 뿐 신짜 이 세상에 살고 있지는 않지요. 하지만 인간은 그걸 상상하고 지어내요. 그리고 언어화하지요. 그러면 초거대 언어 모델은 사실과 환상을 구분하지 않고, 백과사전과 뜬소문을 가리지 않고, 그저 모든 것을 동급의 데이터로 취급해 학습할 뿐이지요.

넘치는 것과 모자라는 것

이걸 조금 철학적으로 말해 볼까요? 인간의 언어에는 과잉과 결여가 있어요. 실제 세계와 비교해 보면, 넘치는 것이 있고 모자란 것이 있지요. 신화, 거짓말, 소설 이런 것은 과잉이에요. 세계에 없지만 언어에는 넘쳐요. 촉각, 미각 같은 감각이나 갈증, 통증 같은

인간은 아직 좌절하지 마

인간의 언어는
이 세계에 없는 것도 담고 있어요.

감각은 우리가 분명 느끼지만 언어에 담기 어려워요. 언어에는 이런 감각이 결여되어 있어요. 예술적 체험도 마찬가지예요. 인간은 분명히 감각하고 경험하지만 그 감각과 경험은 텍스트 안에 들어가지 못해요. 아무리 열심히 써 봐도 부족하지요. 이런 과잉과 결여가 언어와 세계의 차이를 빚어냅니다.

그런데 초거대 언어 모델은 이렇게 과잉과 결여가 담겨 있는 '언어'만 학습해요. 그래서 한계가 있을 수밖에 없어요. 매개 변수를 1750억 개가 아니라 1조 7500억 개로 늘려도 학습하는 것이 인간의 언어인 한, 챗지피티는 언어로 표현된 것밖에 알 수 없어요. 그 바깥의 세상은 알지 못해요. 인간 언어의 한계가 곧 초거대 언어 모델 인공 지능의 한계인 셈입니다. 많은 텍스트를 학습했지만, 오직 텍스트만 학습했기 때문에 갖는 한계지요. 그래서 미국의 종합 아이티IT 기업인 메타Meta의 수석 과학자 얀 르컹Yann LeCun은 이렇게 말했어요.

"언어 모델은 세계가 없다."

챗지피티는 사랑도 글로 배워요. 우리가 글로 표현한 사랑밖에 알지 못해요. 그런데 우리가 누군가를 사랑한다고 말할 때, 내 마음이 글로 다 표현되던가요? 우리가 표현할 수 있는 건 우리가 느끼는 감정의 극히 일부분일 뿐이에요. 그래서 챗지피티가 글로 배워 아는 사랑은 우리가 아는 사랑에 비하면 많이 부족해요. 그래도 챗지피티에게는 "사랑을 어떻게 글로 배우니?"라고 타박할 수 없어요. 글로밖에 배울 수 없으니까요.

언어의 한계 외에도, 사람과 비교해 볼 때 인공 지능은 아직 부족한 점이 무척 많아요. 이를 좀 더 다각도에서 살펴볼까요?

사진 축제에 등장한 인공 지능 작품들

호주의 밸러랫에서 열리는 유명한 국제 사진 축제인 '밸러랫 국제 사진 비엔날레'에서 2023년에 인공 지능 상AI Prize 부문이 새롭게 만들어졌어요. 프롬프트를 입력해서 생성한 독특한 사진들이 많이 출품되었는데, 이 부문 수상작과 최종 후보에 오른 작품들을 소개합니다.

○─── 〈사랑에 빠진 쌍둥이 자매〉 (대상)

〈곤경에 처한 친구〉

〈디지털 몽상: 자연의 역설 02〉

〈로봇과의 결혼, 멜버른 1895, 2023〉

2부

인공 지능에
인간을 비추어 보니

인간은 인공 지능에 비해 무엇을 더 잘할까요?
인간의 고유한 영역은 어디일까요?
인공 지능이라는 거울에 인간을 비추어 볼게요.
인공 지능을 깊이 알수록 인간에 대해서도
새롭게 이해하게 될 겁니다.

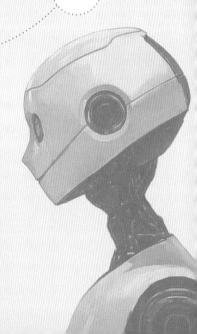

눈치 없이
왜 그래!

인공 지능의 아버지라 일컬어지는 수학자 앨런 튜링Alan Turing의 이야기를 다룬 〈이미테이션 게임〉이라는 영화가 있어요. 이 영화를 보다가 흥미로운 장면을 하나 발견했습니다. 앨런 튜링이 연구에 몰두하고 있는 장면에서였어요. 점심시간이 되자 한 동료가 튜링에게 다가가 이렇게 말했습니다.

"앨런, 우리 점심 먹으러 갈 건데."

그러자 튜링은 이렇게 말해요.

"응."

조금 답답해진 동료가 다시 이야기합니다.

"앨런, 우리 점심 먹으러 갈 거라고."

튜링도 또 대답합니다.

"응."

똑같은 대화가 두세 번 반복되자 동료는 결국 화를 냅니다.

"같이 점심 먹으러 가겠냐고 물었잖아."

그러자 튜링은 이렇게 말해요.

"아니, 너희들이 점심 먹으러 간다고만 했지."

참 답답하죠?

이 장면을 보면서 저는 '아, 역시 앨런 튜링은 인공 지능의 아버지구나.' 하는 생각을 했습니다. 앨런 튜링의 이런 모습은 인공 지능과 꼭 비슷하거든요. 동료의 말을 겉으로만 보면 튜링이 이해한 것처럼 그냥 점심을 먹으러 간다는 뜻이지요. 그런데 우리 모두가 짐작하듯 실제 뜻은 그게 아니잖아요? "점심 먹으러 같이 갈래?" 하고 제안하는 거죠. 그걸 못 알아채다니, 튜링은 참 눈치 없는 사람이에요.

인공 지능이 꼭 그렇습니다. 눈치가 없어요. 겉으로 드러난 말의 뜻은 잘 포착하지만, 그 말이 오갈 때 전후좌우 위아래의 맥락은 잘 파악하지 못해요. 그걸 파악하게 하려면 별도의 정보를 주어야만

인간은 아직 좌절하지 마

해요. 최근에 나온 인공 지능들은 맥락을 파악하는 것처럼 보이지만, 사실은 맥락 자체를 외웠다가 출력하는 것일 뿐이에요.

인간의 언어는 기능적인 의미만 전달하는 것이 아니라, 다양한 맥락에서 다른 뜻을 품고 있을 때가 많아요. 겉으로 드러난 뜻이 전부가 아닐 때가 훨씬 많지요. "오늘 좀 춥다."라는 말은 "네 옆에 있는 창문 좀 닫아 줄래?"라는 말을 뜻하는 식으로요. 그 맥락을 알아야 진짜 말뜻을 이해할 수 있고 사람 사이에 좋은 관계를 맺을 수 있지요. 하지만 인공 지능은 그런 맥락을 알지 못해요.

인공 지능은 농담을 못 한다고?

맥락을 이해하지 못하니, 맥락을 비틀지도 못해요. 그래서 인공 지능은 농담을 할 줄 몰라요. 농담이 뭔가요? 우리가 공통으로 가진 생각과 맥락에서 삐딱하게 벗어나는 거지요. 맥락을 이해하는 우리 인간은 맥락을 비트는 놀이를 자주 즐겨요.

"넌 내게 모욕감을 줬어."

어느 영화에 나와서 유명해진 대사지요. 그런데 이 대사를 누군가 이렇게 바꾸어 놓더군요.

"넌 내게 목욕값을 줬어."

한 회사에서는 이런 광고 카피를 쓴 적이 있어요.

"치킨은 살 안 쪄요."

이어지는 문장이 웃음을 유발합니다.

"살은 내가 쪄요."

이런 것이 원래의 맥락을 비틀어 웃음을 자아내는 농담, 언어유희지요. 인터넷에 돌아다니는 각종 밈도 그와 비슷해요. 원래의 상황에서 특정 인물만 쏙 빼 온 뒤, 말도 안 되는 상황에 집어넣어서 웃음을 유발하지요. 이런 놀이는 오직 인간만 할 줄 알아요. 인공 지능에게는 이런 능력이 없어요. 인공 지능이 농담을 했다면, 외웠다가 출력한 것일 뿐이죠.

눈치는 인간관계를 맺을 때 필수적이에요. 눈치라는 건 서로 너무 가까워지면 한발 물러서서 상대의 공간이나 프라이버시를 지켜 줬다가, 너무 멀어지면 또 살짝 다가갈 줄 아는 능력이에요. 사람들은 그렇게 조금씩 가까워졌다 멀어졌다 하면서 서로 친해지고 깊은 사이로 나아가지요. 그런데 인공 지능에게는 그런 걸 전혀 기대할 수 없어요. 이미 학습되어 있는 것의 범위를 벗어나지 못하니까요.

인간은 아직 좌절하지 마

인공 지능이 농담을 했다면,
외웠다가 출력한 것일 뿐이죠.

기억력은 좋지만

인공 지능은 눈치가 없으니, 공감하는 능력도 매우 떨어져요. 이 말에 동의하지 않는 사람이 있을 거예요. 인공 지능 챗봇과 대화하다 보면, 챗봇이 공감을 참 잘하는 것 같은 순간이 꽤 있거든요. 제 주변에도 "인공 지능이 사람보다 낫더라." 하고 말하는 사람이 적지 않습니다.

공감을 잘해 주는 대화형 인공 지능 중 대표적인 것으로 클로드 3Claude 3이 있어요. 실제로 클로드 3과 대화해 보면 웬만한 사람과 하는 것 못지않게 대화가 잘 이루어져서 깜짝 놀랄 정도입니다. 제가 한번 대화를 나눠 보았는데, 클로드 3이 얼마나 공감을 잘하는지 같이 볼까요?

▷▷▷

| 나 | 요즘 친했던 친구가 갑자기 거리를 두는 것 같아. |
| 클로드 3 | 친구가 갑자기 멀어지는 상황은 정말 힘들고 속상할 것 같습니다. 친밀했던 관계에 어려움이 생기면서 외로움과 불안감이 커지겠죠. 하지만 너무 걱정하지 마세요. 이런 경우 취할 |

수 있는 몇 가지 방법이 있습니다. (……) 친구 관계에 어려움이 있더라도 너무 낙심하지 마세요. 시간이 해결해 줄 수도 있고, 새 인연을 만날 수도 있습니다. 힘내시고 제가 옆에서 성원하겠습니다.

나 말을 걸기도 어려운걸.

클로드 3 네, 친구가 직접 대화를 피하거나 거리를 둔다면 말을 걸기가 굉장히 어려운 상황일 것 같습니다. 다음과 같은 방법을 시도해 볼 수 있겠습니다. (……) 친구 관계는 소중하지만, 때로는 힘든 시기가 있기 마련입니다. 지금은 어렵지만 꼭 참고 적절한 방법으로 노력해 보세요. 곧 해결될 수 있을 것입니다.

이만하면 꽤 공감을 잘하는 편이지요? 대화를 하다 보니 위로가 살짝 되는 한편으로, 너무 맞는 말만 하니까 좀 기분이 나빠지려고도 해요. 잘난 체하는 것 같아서 말이에요. 고마우면서 얄밉다니, 저의 이런 미묘한 마음까지 인공 지능이 알아채지는 못할 거예요.

공감에 있어서 인공 지능이 가진 큰 장점이 있어요. 이전에 내가 했던 이야기를 빠짐없이 기억하고 그걸 바탕으로 이야기한다는 거예요. 사람은 한 번 들었던 이야기라도 시간이 지나면 잊어버리기도 하고, 또 이야기를 들을 때 딴생각을 하다가 중요한 사실을 놓치기도 하지요. 인공 지능은 그런 것이 없어요. 한 번 들은 것은 정확히 기억합니다.

"그 친구는 한 달 전에 서울로 이사를 갔는데, 그 먼 곳에서도 너를 보러 여기까지 다시 오다니, 정말 기뻤겠다."

이런 식으로 이전에 있었던 일까지 언급하며 공감하는 말을 하면, 때로는 사람 친구보다 인공 지능이 낫다 싶을 정도지요.

그런데 우리가 관계를 맺을 때 그렇게 무조건 공감해 주는 게 과연 좋기만 할까요? 그게 사람들이 친해지는 데에 올바른 방향일까요? 실제 인간관계에서는 조금 다르지요. 공감해 줄 때도 있지만 화를 내야 할 땐 화도 내고, 필요하면 싸우기도 해야 해요. 싸우고 화해하면서 비 온 뒤에 땅이 굳어지듯 관계도 단단해지고 내 자아도 커나가지요. 도대체 평화롭기만 한 관계라는 게 어디 있어요?

사람끼리는 화를 내고 놀리기도 하고 농담도 하면서 상대의 반응을 계속 관찰하잖아요. 조금 기분 나빠하는 것 같으면 "농담이었어, 농담!" 하면서 수습하기도 하고요. 탄력적으로 조정해 가면서 관계를 맺어요. 하지만 인공 지능은 프로그래밍된 대로만 작동하지요. 물론 사람이 인공 지능에게 "나 지금 화났어." 하고 자기 감정을 알

도대체 평화롭기만 한 관계라는 게
어디 있어요?

려 줄 수는 있겠죠. 그런데 우리가 다른 사람과 대화할 때 늘 내 감정을 정확히 전달하나요? 심지어 내 감정이 정확히 어떠한지 나조차 잘 모를 때도 많지요. 너무 화가 나는데 그러면서도 또 보고 싶고, 보고 싶다가도 또 미워지고 이렇게 복잡하디복잡한 것이 사람의 감정이에요. 그런 복잡한 감정의 순간순간을 매번 일일이 가르쳐 가면서 대화해야 한다면, 사실상 제대로 대화가 이루어지지 않을 거예요.

그럼 이렇게도 말할 수 있어요. 인공 지능은 사회성이 없다고요. 사람의 다양한 마음을 헤아리고 그에 맞게 행동할 줄 아는 능력이 곧 사회성인데, 인공 지능은 마음을 읽지 못하니 사회성도 갖출 수가 없어요. 인공 지능은 나와 싸우지도, 화해하지도, 같이 울어 주지도 못해요.

인공 지능과의 관계란 거의 일방적이에요. 인공 지능이 나에게 화를 내면 우리는 그 인공 지능을 더 이상 안 쓸 거예요. 그러니 인공 지능은 계속해서 공감해 주면서 나를 꼬시기만 하는 형태가 되지요. 그건 관계를 맺는 올바른 방식이라고 할 수 없어요. 만약 누군가 오랫동안 사람이 아닌 인공 지능과만 대화한다면, 그 사람은 관계 맺는 법을 배우지 못할 거예요. 인공 지능의 공감이 인간적인 형태, 올바른 형태라고 보기 어려운 이유입니다.

공감에 너무 의지하면 안 되는 이유

마지막으로 한 가지 더 생각해 볼 것이 있어요. 공감에는 어떤 속성이 있을까요? 18세기에 활약한 영국 철학자 데이비드 흄David Hume에게서 힌트를 얻어 볼게요. 흄이 말하길, 공감은 편파적이에요. 가까이 있는 사람에게 더 기우는 마음이거든요. 우리는 옆집 사람보다는 내 가족에게 더 끌리고, 우리나라 사람과 외국인 중에서는 우리나라 사람에게 더 끌려요. 이건 누구나 마찬가지예요. 중국여행을 간 이탈리아 사람은 계속 마주치는 중국인보다 우연히 만난 영국인에게 더 끌리겠지요.

공감은 이렇게 가까운 사람에게 더 강하게 작동하는 힘이라서 단지 멀리 있기만 해도 공감 능력은 크게 떨어져요. 흄은 이것이 공감이 작동하는 원리라고 보았어요. 그래서 공감 능력은 중요한 것이지만, 그 마음에 너무 의지해서는 안 된다고 경고했지요. '끼리끼리'만 뭉치게 되기 때문이에요. 이런 점을 보더라도 무조건 상대의 마음에 공감만 해 주는 것이 반드시 좋은 것은 아닙니다.

로봇이 인공 지능의 몸이
될 수 있을까?

인공 지능이 사람의 표정을 읽을 수 있을까요? 인공 지능에게 표정 읽는 법을 가르치려면 사람의 표정에서 어떤 규칙을 찾은 뒤 일반화해야 하는데 그건 불가능하다는 것이 학계의 정설이에요. 사람이 짓는 표정에는 어떤 규칙 같은 것이 없거든요. 또 표정을 읽는 건 거의 인간만 가진 능력이에요. 인지 과학자들에 따르면 앞으로 과학이 크게 발전하더라도, 사람의 표정을 읽어 내는 인공 지능이 나오기는 어렵다고 합니다.

게다가 사람은 자기 감정을 감추려고 일부러 실제 감정과 다른 표정을 짓기도 해요. 이른바 포커페이스를 하지요. 포커페이스 하면 떠오르는 선수가 있어요. 바로 2018년 평창에서 열린 동계 올림픽에 우리나라 컬링 국가대표로 출전했던 김영미 선수예요. 김영미 선수는 다급한 순간, 긴장되는 순간, 안타까운 순간, 여유로운 순간, 쾌재가 나오는 순간, 승리가 눈앞에 다가온 순간 등등 어떤 순간에서도 똑같은 표정을 지어서 밈까지 만들어졌지요. 사람은 이렇게 일부러 실제 감정과 다른 표정을 짓는 경우도 많기 때문에, 인공 지능이 사람의 표정을 읽어 내기란 불가능에 가깝습니다.

하지만 신기하게도 사람은 딱히 학교에서 열심히 배우지 않아도 자연스럽게 다른 사람의 감정을 상상하고 읽어 낼 수 있어요. 아주 어린 아기들도 엄마가 짓는 표정을 보고 상황을 판단할 줄 알지요. 도대체 사람은 어떻게 이걸 하는 걸까요?

인공 지능은 몸이 없다

여러 이유가 있지만 중요한 것은 사람에게 몸이 있기 때문이에요. 사람은 자기 몸과 상대방 몸이 거의 비슷하기 때문에 상대가 어떤 상황에 처했을 때 어떤 감정을 느낄지 읽어 낼 수 있어요. 가령 영화에서 망치로 손가락을 내리치는 장면을 보기만 해도, 우리는 끔찍한 공포를 느껴요. 내게 손가락이 있기 때문에 그 감정을 상상할 수 있는 거예요. 그래서 메달을 딸 수 있는 결정적 순간에도 무표정한 김영미 선수를 보면서 "이런 순간에 저렇게 침착하다니, 정말 대단하다!" 하고 감탄하지요. 표정이 굳어 있다고 해서 "저 선수는 메달을 별로 따고 싶지 않은가 봐." 하고 생각하는 사람은 없어요. 이렇게 감정을 읽는다는 건 엄청난 능력이고, 우리에게 몸이 있기 때문에 가능한 것이에요.

그런데 인공 지능은 몸이 없어요. 저는 이것이 인간과 인공 지능의 결정적인 차이라고 생각해요. 똑똑한 인공 지능은 안타깝게도 몸이 없어요. 몸이 없으니 친구를 사귈 수도 없습니다. 당연한 말 같지만 이는 인공 지능을 이해하는 데에 아주 핵심적인 요소예요. 몸이 있어야 세상과 직접 만날 수 있는데 인공 지능은 그럴 수가 없지요. 아주 고립된 세계 안에 갇혀 있는 셈이에요. 양적으로 풍요롭다 해도, 자신이 아닌 다른 존재인 타자他者가 없는 거예요. 타자가 없으면 밖에서 오는 자극과 충격을 통해 성장할 수가 없어요.

이런 이야기를 하면 많은 사람이 이렇게 반박해요.

"로봇이 있잖아요!"

로봇은 목적이 없으니까

인공 지능을 인공 지능 로봇과 헷갈려하는 사람이 있을 정도로, 많은 사람이 인공 지능 하면 로봇을 떠올립니다. 지금 어른들은 어릴 때 태권브이, 아톰, 터미네이터가 등장하는 만화나 영화를 많이 보았는데, 그래서 사람처럼 움직이는 로봇이 꽤 친숙하지요. 이런 로봇이 등장하는 영화나 애니메이션은 요즘에도 계속 나와요. 뽀로로에게도 로봇 친구 로디가 있지요.

그럼 이런 로봇이 인공 지능의 몸이 될 수 있을까요? 인공 지능이 로봇이라는 몸을 갖게 되면, 인간과 비슷해질 수 있을까요?

인간 몸에는 감각이 있지요. 인간은 시각, 청각, 후각, 미각, 촉각의 다섯 가지 감각을 비롯해서 아주 많은 감각을 몸으로 느껴요. 귀를 통해 느끼는 균형 감각도 있고, 무게나 속도, 방향을 감지하는 감각도 있지요. 몸을 통해 다양한 감각이 수집되면 뇌에서 그에 관한 정보가 처리되고, 이를 통해 인간은 적절히 외부 세계에 개입하

로봇이 인공 지능의 몸이 될 수 있을까요?

게 돼요. 예컨대 이렇게 말이에요.

"장미에는 가시가 있어! 찔리면 아프니까 조심해."

"이상한 냄새가 나는데? 혹시 이 찌개 상한 거 아니야?"

"흰 연기가 올라오는 게 보여! 위험해. 여길 빠져나가자!"

"사이렌 소리가 들려. 불이 났나 봐."

이렇게 세계에 대한 정보를 몸을 통해 입수해서 적절하게 반응해요. 그래서 세계와 조화를 이루며 살아갈 수 있지요. 이런 것을 인공 지능 로봇이 할 수 있을까요? 물론 어떤 기능들은 로봇으로도 어느 정도 구현할 수 있을 거예요.

로봇 손에 압력 센서를 달아 놓으면 촉각은 어느 정도 인지할 수 있을 거예요. 로봇 눈에 비디오카메라를 달면 시각 정보를 수집해서 프로그램으로 전달하는 것도 가능하겠지요. 로봇 팔에 모터를 달아 두면 관절을 굽혀서 공간 이동을 할 수도 있을 거예요. 귀에 달린 마이크를 통해 소리를 수집하는 것도 할 수 있을 거예요. 저는 인공 지능이 다룰 수 있는 감각 영역은 딱 이 정도라고 봅니다. 사람 몸의 기능 중 이 정도를 흉내 낼 수 있어요. 하지만 그렇다 해도 로봇의 몸은 인간의 몸과 완전히 다릅니다.

가장 중요한 차이점은 로봇은 목적이 없다는 거예요. 인간을 비롯해 생명들은 내버려 둬도 어떤 일들을 그냥 하지요. 주로 생존을 중심으로, 위험을 만나면 피하고 배고프면 음식을 먹어요. 그런 능력은 우리에게 기본으로 장착되어 있어요. 40억 년 가까운 생명의 역사를 통해 여기까지 왔지요. 많은 진화의 시행착오를 통해 생겨난 결과물이 현재의 우리입니다.

하지만 로봇은 달라요. 로봇도 위험을 피하거나 배터리를 충전할 수 있지만 그건 인간이 프로그래밍해야만 가능해요. 시각과 청각이 있다 한들 그걸 가져야 하는 이유가 로봇에게는 없어요. 단지 인간이 필요해서 부여한 기능일 뿐이지요.

제아무리 앞서간 로봇이라도 원리는 같아요. 로봇은 인간을 위해 뭔가를 해 주는 도구일 뿐, 그 자체로 뭔가를 추구하지 않아요. 사람 몸의 몇 가지 기능을 흉내 낼 수 있다고 해도, 로봇이라는 몸과 사람의 몸은 아주 큰 차이가 있어요. 몸이 있다는 것은 우리가 인공 지능과 결정적으로 다른 점입니다. 인간의 몸이 유기적으로 통합되어 있다면, 로봇은 부품들이 조각조각 인위적으로 결합되어 있다고나 할까요?

지식은 있지만 의식은 없다?

인공 지능과 인간을 이렇게 대조하고 보니, 인간으로서 조금 자부심이 생기나요? 자부심이 더욱 커지는 이야기를 하나 더 해 볼게요.

의식이란 뭘까요? 인공 지능이 발전하면서 인간의 의식에 대해서도 더 깊은 연구가 이루어지고 있어요. 인간의 의식이 뭔지 알아야 인공 지능을 더 이해하고 발전시킬 수 있으니까요. 과학자는 물론 철학자, 심리학자까지 여러 분야 학자들이 인간의 의식을 연구하고 있습니다. 그런데 아직까지 의식이란 이런 것이다 하고 딱 부러지게 답을 내놓은 학자는 없어요. 여러 학자가 공통으로 합의하는 사항도 없어요. 의외죠? 그만큼 인간의 의식이란 규명하기가 정말 쉽지 않아요.

행동하는 나와 그걸 바라보는 나

그나마 최소한으로 인정할 수 있는 것이 하나 있어요. 바로 내가 나를 아는 것, 자의식에 관한 것이에요. 자의식이란, 내가 어떤지를 한 번 더 아는 것이지요. 예를 들어 자동차는 바퀴를 굴려서 앞으로 전진하지만 자기가 뭘 하는지는 모르죠. 알 필요도 없어요. 하지만 사람은 내가 지금 어떤 행동을 하고 있는지 스스로 확인해요. 심지어 거짓말을 하는 사람도 자기 거짓말을 돌아볼 수 있어요. 제가 학교에 다닐 때 제 친구들은 부모님에게 이런 거짓말을 많이 했어요.

"성적표 아직 안 나왔어."

그때는 중간고사나 기말고사를 보고 나면 학교에서 종이로 된 성적표를 학생들에게 일일이 나눠 주었어요. 그래서 시험을 치르고 나면 학생들은 물론 부모님들도 성적표가 나오기를 기다렸지

인간은 아직 좌절하지 마

요. 성적표가 나올 즈음이 되면 부모님들은 이렇게 물었어요.

"성적표 나왔니?"

그러면 성적이 떨어진 학생들은 가방 속에 성적표를 진작 넣어 두었으면서도 짐짓 아닌 척해요. 성적표 아직 안 나왔다고 거짓말을 하면서요. 그럴 때 우리는 거짓말을 하는 나 자신, 거짓말을 통해 어떤 효과를 노리는 나 자신을 알고 있어요. 조금 어렵게 말하자면 우리 안에 기능과 작동이 일어나는 층과, 이걸 살펴보는 층이 따로 있어요. 기능과 성찰이 함께하는 것, 저는 이것이 의식의 핵심 같아요.

저는 의식이란 곧 성찰하는 능력이라고 봅니다. 성찰이 뭔가요? 내가 나를 돌아보는 것이지요. 재미있게도 인간이 성찰을 하려면 '보는 나'와 '보이는 나'가 분리되어야 해요. 한쪽은 그냥 원래처럼 작동을 하고 한쪽은 그걸 지켜봐야 해요.

우리는 가끔 '이불 킥'을 할 때가 있어요. 밤에 자려고 누웠는데 갑자기 낮에 있었던 일이 떠오르면서, '아, 그때 왜 그랬을까?' '왜 친구에게 그런 말을 했을까?' 하고 이불을 발로 차며 뒤늦게 후회하게 되는 순간이 있지요. 그럴 때 우리가 어떻게 하는지 잘 떠올려 보세요. 낮에 내가 한 행동을 다시 곱씹어 보고, 어떻게 하는 게 더

인간이 성찰을 하려면
'보는 나'와 '보이는 나'가 분리되어야 해요.

나왔을지 고민해 보지요? 어떤 행동을 하는 '나'가 있고, 그것을 바라보는 '나'가 있어요. 그 두 '나'가 같이 가다가 어느 순간 평정을 찾아요.

이런 성찰의 과정은 어떻게 일어나는 걸까요? 그 원리를 정확히 알지는 못해요. 생명의 오랜 진화를 거쳐 인간에게 그런 능력이 부여된 거니까요. 묘하죠? 인간은 보는 나와 보이는 나가 자연스럽게 통일되어 있어요.

인공 지능이 고장 난다면

그런데 인공 지능은 어떤가요? 인간의 의식이 다층 구조라면 기계의 의식은 단일 구조예요. 기계는 작동하는 '나'와 그것을 바라보는 '나'로 분리되지 않아요. 그 비슷한 것이 있기는 해요. 예를 들어 버그를 잡는 디버깅debugging 프로그램을 생각해 볼 수 있어요. 이 프로그램은 작동하는 것과 그것을 고치는 것이 분리되어 있습니다. 버그가 생기면 인공 지능 스스로 발견하고 수정하지요.

그럼 이건 인간의 의식과 좀 비슷하려나요? 그런데 디버깅 프로그램 자체가 고장 나면 어떻게 해요? 디버깅 프로그램을 하나 더 붙여야겠죠? 만약 그것도 고장 나면요? 덧붙이는 것을 어디까지 할 수 있을까요? 최종적으로는 결국 인간이 고쳐야 합니다.

그것과 비교해 보면 인간의 의식은 참 신기해요. 인간은 수리하는 일을 스스로 하잖아요. 성숙한 어른만 하는 것이 아니라 태어난 지 얼마 안 된 아기들도 해요. 인간에겐 그런 프로그램이 원래 내장되어 있어요. 빈틈이 생기면 신기하게도 스스로 고치거나 아니면 그 빈틈을 어떻게든 버텨요. 그 덕분에 주저앉거나 사라져 버리지 않지요.

예를 들어 운동하다가 다리가 부러졌다고 해 볼까요? 다치기 전에 내 마음은 평온한 상태였어요. 그런데 거기에 교란이 일어나요. 다리가 부러져서 괴롭고 걱정스러워요. 평온한 상태가 깨지고 혼란이 생기지요. 그러면 우리는 의사를 찾아가서 치료하고 약도 받아서 먹어요. 다시 평온한 상태로 돌아가려고 노력해요. 스트레스도 없애려고 하고요. 다리가 부러졌다고 해서, 다치기 전의 평정 상태가 깨졌다고 해서 사람이 죽는 것은 아니에요. 사람은 '작동'을 멈추지 않아요. 어느 정도 생활을 해 나가면서 치유하지요. 치유되지 않는 사람은 많지 않아요. 다른 사람의 도움을 받으면 치유가 더욱 잘되죠.

　이를 거꾸로 보면 우리 인간은 모두 상처투성이라고 할 수 있어요. 인생에 힘든 일도 있었지만 그걸 극복하면서 좀 더 성장하지요. 친구와 다투기도 하고 밤을 새우며 고민하기도 하지만, 사람은 그런 순간을 버티어 내요. 그런 게 삶이지요.

　그런데 인공 지능이 고장 나면 어떻게 될까요? 똑같은 것이 무한 루프로 계속되거나, 작동이 멈춰요. 휴대폰 앱이 계속 로딩 중이거나, 컴퓨터를 켰을 때 파란 화면만 내내 떠 있을 때가 있지요? 인공 지능 프로그램도 마찬가지예요. 고장 나면 작동이 멈추거나, 전원이 끊길 때까지 계속 똑같은 일만 하지요.

　코딩을 해 본 사람이라면 버그를 찾는 것이 정말 어렵다는 걸 잘 알 거예요. 점 하나만 잘못 찍어도 컴퓨터가 작동을 안 해요. 그 잘못 찍은 점 하나를 찾기 위해, 프로그래머들은 날밤을 새우며 고군분투하죠. 인공 지능의 오류도 그렇게 인간이 찾아야 해요. 사람이 도와주지 않으면 절대 개선되지 않아요. 앞으로 나아가지 못해요. 인공 지능은 인간처럼 어떻게든 스스로 문제를 해결하고, 또 며칠 동안 고민하면서 풀고 회복하는 과정을 겪지 않아요. 성장하지 않아요.

성장은 생명의 신비

컴퓨터 프로그램에서는 특정한 부분을 개선하고 나면 프로그램 버전에 1, 2, 3, 4와 같은 숫자를 붙여 나가면서 그 앞의 버전과 구분하지요. 1.1, 1.2 이렇게 붙이기도 하고요. 그런데 1.0과 1.1 사이의 거리는 1과 2 사이의 거리와 얼마나 다를까요? 저는 큰 차이가 없다고 봅니다. 숫자가 어떻게 붙어 있든 결국 다 다른 프로그램이기 때문이에요. 인간의 관점에서 보면 버전이 높은 프로그램은 좀 더 개선된 것이지만, 프로그램의 기준에서 보면 그냥 서로 다른 프로그램이에요. 바이러스 백신 프로그램은 조금만 업데이트돼도 앞의 프로그램을 전부 삭제하고 새 프로그램을 다시 깔아야 하잖아요. 새 프로그램을 설치하지 않으면 절대 최신 바이러스를 잡을 수 없지요.

그래서 수학자 앨런 튜링은 1950년에 이런 글을 쓰기도 했어요.

"인공 지능은 미국 헌법과 비슷하다."

미국 헌법은 꾸준히 개정되어 왔어요. 헌법이 개정되면 그 앞의 헌법은 더 이상 유효하지 않지요. 그리고 일단 개정이 완료되면 앞

인간은 아직 좌절하지 마

의 헌법과 뒤의 헌법은 서로 달라요. 개정 전 헌법을 기준으로 일하는 사람은 더 이상 없어요. 그런 점에서 인공 지능과 좀 닮은 면이 있지요?

인간은 어떤가요? 인간도 계속 성장하고 달라져요. 학습이나 경험에 따라 조금씩 변해 가지요. 하지만 그렇다고 다른 사람이 되는 건 아니에요. 계속 같은 사람이에요. 인간뿐 아니라 다른 모든 생물이 마찬가지예요. 생물은 스스로 자신을 업데이트해요.

아주 극적으로 변화하는 생명도 있어요. 나비는 고치 안쪽에 있다가 어느 순간 거기서 쑥 빠져나와서 날개를 펼치죠. 훨훨 나는 나비는 고치 안에 있을 때와는 완전히 다른 모습이지요. 하지만 연속적이에요. 이런 성장이야말로 생명의 신비예요. 그래서 한 생명이 성장할 때 우리는 찬사를 보내요. 이런 눈부신 성장은 인간뿐 아니라 뭇 생명이 공유하고 있는 특징이지요.

하지만 프로그램은 버전이 올라간다고 해서, 아기 프로그램이 어른 프로그램이 되는 것이 아니에요. 그냥 개선된 프로그램이며 서로 다른 각각의 개체지요.

인공 지능은 자의식이 없고 성장도 하지 않아요. 그런데도 우리는 자꾸 인공 지능을 사람처럼 생각해요. 인공 지능이 사람처럼 생각을 하는 것 같은, 의식이 있는 것 같은 '느낌'이 들지요. 왜 그럴까요? 그 역시 우리가 인간이기 때문이에요. 그건 인간의 오래된 습관이거든요.

인간은 인간 밖에 있는 대상에 인간의 모습이나 자기가 경험한 것들을 투영하는 아주 오랜 전통을 갖고 있어요. 고대인들이 별자리를 그리는 장면을 한번 상상해 볼까요? 원시 시대에 어떤 사람이 심심해서 하늘을 보니 별이 무척 많아요. 그중 몇 개를 이어서 그림으로 그려 보았어요. 그랬더니 별자리가 보이는데, 어떤 별자리는 호리병 같고 어떤 별자리는 황소 같아요. 그래서 별자리에 이름을 붙이고 거기에 이야기를 부여해 봅니다. 신화도 만들고 영웅도 만들어요. 초기 인류는 이렇게 행동했어요.

인간이 아닌 것들을 인간처럼 생각하는 마음의 습관은 지금도 여전해요. 아이들은 베개나 인형에 애착을 갖는 경우가 많지요? 아예 '애착 인형'이라는 상품이 나오기도 해요. 어른들도 자동차에 이름을 붙여서 마치 사람을 부르듯 부르기도 해요. 강아지나 고양이 같은 반려동물에게 이름을 지어 주고 사람에게 하듯 말을 걸기도 해요.

그래 왔던 인류의 오랜 습관대로 인간은 이제 인공 지능에게도

인간은 아직 좌절하지 마

자신을 투영해요. 인공 지능에 이름을 붙이고, 사람에게 하듯 말도 걸어 보지요. 거기에 인공 지능이 그럴듯한 답을 내놓으니, 마치 인공 지능에게 의식이 있는 것처럼 느껴지는 거예요. 하지만 인공 지능에게 의식이 있다는 생각은, 오랜 습관에서 온 인간의 해석에 더 가깝습니다.

1000장을 그려도
완성할 수 없는 이유

혹시 〈스페이스 오페라 극장〉이라는 다음의 그림을 본 적 있나요? '미드저니'라는 그림 생성 인공 지능의 작품이에요. 미국 콜로라도주립박람회에서 개최한 미술 대회의 디지털 아트 부문에서 2022년도에 우승을 하면서 유명해졌지요. 이 그림은 챗지피티보다 먼저 사람들에게 생성 인공 지능의 등장을 알렸습니다.

이제는 인공 지능이 그린 그림에 많이들 익숙해졌지만, 이 그림이 나올 때만 해도 그렇지 않았어요. 인공 지능이 그림까지 그리더라, 그것도 무척이나 잘 그리더라 하는 뉴스는 또 다른 맥락에서 사

인간은 아직 좌절하지 마

〈스페이스 오페라 극장〉

람들에게 충격을 주었습니다. 그동안 사람들은 예술 영역, 즉 작곡이나 그림처럼 창조적인 영역은 인간에게 최후의 보루가 되리라 생각했어요. 마지막까지 남을 인간의 고유한 영역이라고 보았지요. 그런데 인공 지능이 고난도 그림을 척척 그려 내니, 많은 사람이 깜짝 놀라면서 크게 좌절했어요. '창작의 영역까지 빼앗기면 이제 인간이 할 일은 없는 걸까?' 하고요. 정말 그럴까요?

그림은 언제 완성될까?

인공 지능의 창작을 어떻게 봐야 할까요? 그걸 알아보기 위해 생성 인공 지능 미드저니로 그림을 그리는 과정을 생각해 볼게요.

어느 회사에서 한 디자이너가 신상품을 디자인해야 하는 과제 앞에 놓였습니다. 새로 출시하는 머그 컵을 디자인해야 하는데, 이번에는 생성 인공 지능의 도움을 받아 보기로 결심하고 컴퓨터를 켰어요. 여러 가지 프롬프트를 입력해 봅니다.

"봄과 어울리는 머그 컵 그림."

"고흐의 그림 〈노란 집〉 느낌이 나는 머그 컵 사진."

"마당에 누워서 봄날의 햇볕을 쬐는 아기 고양이 그림이 있는 머그 컵."

이런 문장, 저런 문장 다양하게 만들어서 프롬프트를 입력해요. 여러 가지 그림이 나오는데, 그중에는 마음에 드는 것도 있지만, 영 별로인 것도 있어요. 이리저리 문장을 바꾸면서 계속 그림을 생성해 봅니다. 그러다 보면 어느 순간 '됐다! 이 정도면 상품으로 제작해도 좋겠다! 이제 그만 만들어도 되겠어.' 하는 순간이 와요. '끝났다!' 하는 판단이 드는 순간, 디자이너는 프롬프트 입력을 멈추지요. 그림 생성을 끝내는 거예요.

그림은 프롬프트를 한두 줄만 입력해도 뚝딱 완성되어 나와요. 한 줄 프롬프트에 여러 가지 그림이 나오기도 합니다. 그러나 처음에 나온 한두 장 그림으로 다 끝났다 하는 사람은 없어요. 대부분 완성될 때까지 계속해서 수정해 가지요.

그런데 그림은 언제 '완성'되나요? 완성이라는 것은 누가 판단하죠? 우리가 인공 지능에게 "이 그림, 제대로 완성해."라고 요청할 수 있을까요? 어디가 끝인지, 어디가 완성인지 인공 지능은 알지 못하는데요!

모든 창작에는 일종의 평가가 필요해요. '완성했다'고 하는 순간, 우리는 평가라는 것을 내리는 셈이지요. 꼭 전문가적인 평가만을 말하는 것이 아니에요. 어떤 분야에서든, 어떤 상황에서든 우리는 많은 것을 평가하며 살아요. 여러분도 짧은 동영상을 만들어 본 적이 있을 거예요. 마음에 들 때까지 계속 편집하죠. 다른 사람이 괜찮다고 해도 내 맘에 안 들면 끝나지 않잖아요. 여기를 만지고 저기를 만지고…… 그러다 보면 어느 순간 '이제 다 됐다.' 하고 판단하게 되죠. 왜 끝났는지 설명하기는 어렵지만 그래도 우리 인간은 언제가 끝인지, 스스로 평가할 수 있어요. 이런 평가 능력은 인간의 고유한 능력입니다.

이런 판단과 선택은 우리 일상에 매우 흔해요. 예를 들어 볼까요? 어떤 사람이 경기도 고양시 일산동구 백석동 골목에 떡볶이 가게를 차리고는 가게를 홍보할 광고 문구를 구상해 봅니다. 아이디어를 얻기 위해 인공 지능에도 물어봤더니, 인공 지능이 홍보 문구를 100개쯤 생성해 줍니다. 그럼 떡볶이집 주인은 그중 하나를 고르죠. 떡볶이집 주인은 떡볶이의 달인일 수는 있어도 광고 문구의 달인은 아닐 거예요. 그래도 어떤 문구가 가장 나은지, 어렵지 않게 평가하고 선택할 수 있어요. 경기도 고양시 일산동구 백석동 골목에 있는, 떡볶이도 맛있지만 튀김은 더욱 맛있는 떡볶이집에 가장

인간은 아직 좌절하지 마

어울리는 문구가 무엇인지, 인공 지능은 결코 고르지 못해요. 인공 지능은 평가를 내릴 수 있는 최종 결정권자가 아니에요. 창작물을 평가하고 완성하는 것은 오직 인간만이 할 수 있습니다.

◇✦ 평가는 오롯이 인간의 몫

제아무리 멋진 그림을 수십, 수백 장 그려 낸다 한들 그것이 완성된 것인지 아닌지 스스로 판단할 수 없다면 인공 지능은 창작의 주체가 아니라 도구라고 할 수 있어요. 인공 지능이 '창작'을 한다고 하기엔 인간과 '급'의 차이가 너무 커요. 앞으로도 평가는 인간의 핵심 능력으로 남을 거예요.

그렇다면 이렇게 생각해 볼 수도 있지 않을까요? 창작의 진정한 의미는 평가에 있다고요. 19세기에 활약한 독일 출신 철학자 프리드리히 니체는 이런 말을 한 적이 있어요.

"평가하는 것이 인간이다."

또 이런 말도 했어요.

"가치 평가란 곧 창조가 아닌가? 평가 자체가, 평가된 모든 사물에는 보물이자 보석이다."

"평가를 통해야 비로소 가치가 있다."

이런 말의 뜻을 이해하려면 '평가'라는 말을 곱씹어 봐야 해요. 우리말에서 '평가'는 시험을 보고 채점하는 것을 떠올리기 쉬운데, 평가라는 건 사실 '가치를 부여하는 것'이에요. 영어로 하면 그 의미를 더 정확히 알 수 있어요. 평가는 영어로 이밸류에이션evaluation, 즉 가치value를 주는 것이지요. 사람들이 잘 알아채지 못하는 어떤 면이 그 대상에게 있다는 것을 보여 주는 것, 그게 바로 평가예요.

평가는 자기 나름대로의 해석이기도 해요. 예를 들어 볼까요? 우리나라 지도를 보고 호랑이처럼 생겼다고들 하지요? 바로 이런 것이 가치를 부여하는 활동이에요. 다이아몬드는 그 자체로 가치가 있나요? 자연 세계에서 다이아몬드는 그냥 돌일 뿐이에요. 인간이 '보석'이라 부르며 거기에 가치를 부여했기 때문에 가치가 생겨난 거예요. 본래부터 예쁜 것, 선한 것이 있는 것이 결코 아니에요. 인간이 예쁘다고, 선하다고 가치를 부여해야 해요. 그것이 바로 평가지요.

그런 평가를 인공 지능이 할 수 있을까요? 인공 지능에게는 그런 기준이 없어요. 인공 지능은 그저 패턴을 찾는 것밖에 못 해요.

인간은 아직 좌절하지 마

무언가를 알아보는 안목이 없기 때문에 인공 지능이 하는 작업은 모두 무작위일 수밖에 없어요. 실제로 생성 인공 지능을 사용해 보면 금방 알아요. 제아무리 버전 높은 인공 지능을 사용해 보아도, 인공 지능이 만들어 낸 작품 중에는 이상하고 어설픈 것이 많아요.

물론 그중에는 아주 잘 만든 것도 섞여 있어요. 우리 인간은 그것만 가져다 쓰죠. 그렇게 고른 것들만 모아 놓고 보면 인공 지능의 능력이 엄청나 보이지요. 하지만 그렇게 '골라 놓는' 일을 누가 했나요? 누가 '평가'를 했나요? 인간이 했어요. 물론 인공 지능에게 "네가 만든 1000개 작품 중 제일 괜찮은 것 10개만 뽑아 봐." 하고 주문할 수 있고 인공 지능이 10개를 골라 주기도 해요. 하지만 그 10개가 정말로 제일 괜찮은 것이 되는 일은 불가능해요.

새로운 지평을 여는 일

평가에는 아주 중요한 점이 하나 있어요. 바로 기존에 없는 새로운 것을 찾아내는 일이 반드시 포함되어 있다는 거예요. 가령 피카소 같은 화가를 생각해 보세요. 피카소는 왜 위대한 화가일까요?

그 어떤 선배 화가도 못 그린 그림을 그려 냈기 때문이에요. 피카소와 같은 화풍을 '입체파'라고도 하는데, 입체파에서는 하나의 대상을 여러 각도에서 묘사해요. 그런 그림을 그린 화가는 피카소가 처음이었어요.

어떤 화가가 미술사에 들어오는 순간은 그냥 그림을 잘 그리는 순간, 기존에 있는 것을 잘하는 순간이 아니에요. 기존에 없던, 아무도 못 했던 것을 새로 시도한 순간이에요. 새로운 기준을 만들어 내는 순간, 우리는 그걸 놀라워하고 그 화가가 미술사에 한 획을 그었다, 새로운 지평을 열었다고 평가합니다. 바로 그걸 알아보는 것이 평가의 핵심이에요.

그런데 인공 지능은 이런 새로운 기준, 새로운 지평, 새로운 관점을 보여 주지 못해요. 단지 기존에 있는 것 중 가장 빈도가 높은 것, 사람이 제시한 기준을 충족하는 것을 찾아낼 뿐입니다.

예술가가 되려면 기존의 기준을 충족하기 위해 노력해야 하지만 그것만 훈련해서는 엄밀히 말해 예술가라고 할 수 없어요. 기존의 것을 훈련하되, 그것을 넘어서야 해요. 화가들은 미술관에 가서 멋진 작품들을 관찰하고 베껴 그려 보다가, 어느 순간 자기만의 것을 만들어 내요. 지금까지 모든 예술가는 바로 그 어려운 것을 해

인간은 아직 좌절하지 마

왔어요. 평가란 그냥 점수를 매기는 것이 아니에요. 모든 것을 종합한 뒤 거기에서 플러스알파를 찾아내는 일, 새로운 가치를 찾아내고 부여하고 만드는 일입니다. 그런 평가는 인공 지능이 아니라 인간의 몫이에요.

인공 지능이 더 발달하면 평가도 가능할까?

혹시 지금은 아니지만 나중에 인공 지능이 더 발달하면 스스로 자기 작품을 평가해 자기만의 것을 만들어 내는 경지에 이를 수도 있지 않을까 하는 의문이 생기나요? 인공 지능이 지금까지 보여 준 엄청난 발전을 보면, 이런 궁금증이 이는 것도 무리는 아니에요. 하지만 인공 지능은 아무리 발전해도 그런 경지에는 이르지 못할 거예요. 인간은 아직 아무도 밟지 않은 땅, '미답'의 경지로 나아가지만 인공 지능은 오직 인간이 채굴한 데이터를 바탕으로만 학습하고 개선되기 때문입니다.

미국 캘리포니아대학교 버클리 캠퍼스의 컴퓨터 과학 교수 스튜어트 러셀과, 구글의 연구 실장 피터 노빅이 같이 쓴 『인공 지능』

이라는 책에서 이를 아주 재미있게 표현했어요. 인공 지능을 작동 장치에 비유한다면, 중요한 것은 작동 장치 바깥에서 인공 지능에게 어떤 일을 하라는 지시가 내려온다는 것이라고요. 그 지시를 누가 내리죠? 인간이 내립니다.

인간에게 그런 바깥이 있나요? 인간은 무엇을 어떻게 할지 결정하는 것이 자기 안에 '내장'되어 있어요. 평가 기준, 수행 기준이 모두 자기 안에 있지요. 인공 지능은 그런 기준을 일일이 알려 줘야 한다는 점에서 인간과 매우 달라요. 인공 지능의 작동 원리가 이런 방식인 한, 가치를 알아보는 평가는 앞으로도 영원히 인간의 몫으로 남을 겁니다.

인간은 아직 좌절하지 마

인공 지능에
판결을 맡긴다면

앞서 '평가'에 대한 이야기를 했는데, 평가와 비슷한 것으로 '판단'이 있어요. 평가와 판단은 달라요. 평가가 기준을 넘어가는 거라면, 판단은 기준에 다가가는 거죠. 판단은 기준을 정한 뒤, 거기에 부합하는지 아닌지를 보는 것입니다. 수학 시험을 본 뒤 정답을 맞힌 문항의 개수를 세어 그 성적을 평가하는 것은 판단에 속한다고 할 수 있어요.

평가는 인공 지능이 하지 못하는 일이라고 했는데, 그럼 판단은 어떨까요? 인공 지능에 판단을 맡겨도 될까요? 판단에는 크게 법적 판단과 윤리적 판단이 있어요. 이 중 법적 판단을 먼저 살펴볼게요.

인공 지능이 스포츠 심판을 한다면

"인공 지능에 판결을 맡겨라!"

인공 지능이 똑똑해지면서 이런 주장에 솔깃해하는 사람이 많아졌어요. 왠지 인공 지능은 사람 판사보다 더 공정하게 판결을 내릴 것 같은가 봐요. 적어도 인공 지능은 돈이 많거나 권력이 있다고 해서 그런 사정을 봐주어 판결을 내리지는 않을 테니까요. 기존 사법 제도에 대한 실망이나 불신 때문에 인공 지능에 대한 기대가 더 커진 것이겠지요.

법정에서는 아직 인공 지능 판사를 볼 수 없지만, 스포츠 경기에서는 심판 역할에 인공 지능이 일부분 도입되었습니다. 예컨대 테니스 경기에서는 '호크아이Hawkeye'라는 인공 지능이 쓰이고 있어요. '호크아이'는 매의 눈이라는 뜻인데, 이름처럼 날카롭게 심판을 합니다. 프로 테니스 선수들의 경기를 보면, 공이 정말 빠르게 날아가요. 때로는 심판조차 공이 정확히 어디에 떨어졌는지 알기 어려

인간은 아직 좌절하지 마

울 정도지요. 테니스공은 코트 바닥에 그려진 라인에 맞으면 '인'으로 인정되는데, 날아온 공이 라인을 살짝 맞았는지, 아슬아슬하게 비껴갔는지 애매할 때가 있어요. 그럴 때 호크아이가 나서요. 코트 곳곳에 설치된 10여 대의 호크아이가 테니스공의 정확한 궤적을 분석해 줍니다. 그 쓸모를 인정받아서 영국에서 열리는 '윔블던 오픈'과 같은 주요 테니스 대회에서는 이제 호크아이가 많이 쓰이고 있어요.

야구에도 인공 지능이 쓰이고 있어요. 야구에서는 특히 스트라이크 존을 중심으로 많이 쓰입니다. 투수가 던진 공이 스트라이크인가 아닌가를 두고 분쟁이 잦았는데, 인공 지능이 도입되면서 그런 다툼이 많이 줄었어요.

아이러니하게도 인공 지능 덕분에 심판이 더욱 정확해지면서, 오히려 스포츠의 재미가 줄었다고 불평하는 사람도 있어요. 인간미가 없어졌다는 거예요. 과거에는 "오심도 게임의 일부다."라는 말을 공공연히 했어요. 심판도 사람이라 실수할 수 있으니, 그런 실수가 더러 일어나더라도 스포츠의 묘미로 너그러이 받아들이자는 말이에요. 오심인지 아닌지 일일이 따지고 싸우다 보면 경기의 재미가 떨어지니, 그런 너그러운 마음이 필요하기도 합니다. 하지만 인공 지능이 도입되면서 그런 말을 하는 사람이 적어졌어요. 더 정확히 심판을 볼 수 있게 된 덕분이지요.

그럼 스포츠 경기가 아니라 진짜 법정에서도 인공 지능이 인간 판사 역할을 대신할 수 있을까요? 앞서 설명한 초거대 언어 모델의 원리를 생각해 보면 왠지 가능할 것도 같아요. 법정의 판결은 판례, 즉 이전에 있었던 비슷하거나 똑같은 사건에 대해 대법원에서 판결한 결과를 바탕으로 내리는 거예요. 그러니 세상에 존재하는 수많은 판례를 똑똑한 인공 지능에게 모조리 학습시킨다면, 인공 지능이 적합한 판결을 내릴 수 있을 것 같아요. 판례가 워낙 많은 데다 새로운 판례도 계속 등장하니, 사람 판사는 혹시나 그중 한두 개 깜빡하면 어쩌나 하는 걱정이 들 수 있지만 인공 지능 판사라면 그런 걱정도 없습니다. 외우는 데 있어서는 사람보다 몇 수 위니까요. 역시 사람 판사보다 인공 지능 판사가 나을까요?

인공 지능이 책임질 수 있어?

인간의 삶에 중요한 판단일수록 큰 책임이 뒤따라요. 그래서 판단을 내릴 때는 그 판단에 대해 책임질 수 있는지 여부가 매우 중요해요. 예를 들어 반도체 불량을 판단하는 문제는 이제 인공 지능에 맡기는 게 더 나아요. 인공 지능이 없던 시절에는 사람이 일일이 현미경으로 들여다보면서 불량품을 찾았어요. 지금은 인공 지능이 불량을 골라내지요. 이런 판단은 인공 지능이 더 정확하게 내릴 수 있어요. 그리고 인공 지능이 내리는 판단이 인간에게 해를 끼칠 우려가 전혀 없어요. 인공 지능이 책임질 게 별로 없지요. 그러니 이런 작업은 인공 지능에게 얼마든지 맡길 수 있지요.

하지만 법적 판단은 달라요. 판사의 판정은 자칫 잘못되면 무척 치명적입니다. 인공 지능 판사가 잘못 판단해서 어떤 사람이 지은 죄도 없이 억울하게 감옥에 가기라도 하면? 상상만 해도 끔찍하지요. 문제는 또 있어요. 인공 지능 판사에게 그 오판에 대해 책임지라고 할 수 있을까요? 전원 코드를 뽑아 버린들 인공 지능이 고통스러워할 것도 아니고, 모니터를 때려 부순들 뭔가 달라지지 않아요. 판단에는 책임이 뒤따라야 하는데 인공 지능은 무엇도 책임질 수 없어요. 하지만 인간 판사는 크게 잘못할 경우 처벌을 받기도 하고, 그에 책임을 지지요.

게다가 법적 판단은 매우 많은 요소를 고려해야 해서 생각보다 무척 복잡해요. 조금 어려운 말로 하자면 '법적 사실'을 결정하는 과정은 그리 간단하지 않습니다. 법적 사실이란 법원에서 재판을 할 때 사실이라고 받아들여진 것을 말해요. 영화에서 도청을 하거나 몰래 카메라를 사용해 불법으로 수집한 사실은 증거로 채택하지 않는 장면을 본 적이 있을 거예요. 불법으로 얻은 사실은 법정에서 '법적 사실'로 인정받지 못하지요. 이렇게 법적 사실은 그냥 사실과 조금 다른 면이 있고, 이것을 판단하는 과정이 무척 까다로워요.

한 가지 예를 들어 볼까요? 우리나라 교통 법률 중에는 이런 것이 있어요.

"차의 운전자가 교통사고로 인하여 「형법」 제268조의 죄를 범한 경우에는 5년 이하의 금고 또는 2000만 원 이하의 벌금에 처한다." (교통사고처리 특례법 제3조)

누군가 이 법을 어겨서 이에 대해 법적 판단을 하려면 여러 가지 요소를 고려해 봐야 해요. 혹시 그날 비가 세차게 오거나 안개가 자욱해서 신호등이 잘 보이지 않았던 것은 아닐까? 운전자는 자동차를 세우려고 했는데 자동차의 브레이크가 고장 나 있었던 것은 아닐까? 혹시 운전자가 술에 취해 있었을까? 술에 취해 있었다면 술을 얼마나 마셨을까? 운전자의 시력에는 문제가 없었을까? 혹시

인간은 아직 좌절하지 마

차 안에 위급한 환자가 타고 있었던 것은 아닐까? 위급한 환자를 구하려고 불가피하게 속도를 높인 것은 아닐까? 혹시 고라니가 도로에 뛰어드는 바람에 운전자가 순간 당황했던 것은 아닐까? 운전자는 교통사고를 피하려고 얼마나 노력했을까?

이런 수많은 사실을 하나하나 따져 본 다음에 한 사람이 지은 죄의 유무와 경중을 묻게 됩니다. 법전에 쓰여 있는 구절은 단 한 줄이지만, 구체적인 현실에서는 수만 가지 일이 벌어지기 때문이에요. 이런 다양한 법적 사실을 어떻게 구성하느냐에 따라 죄에 대한 판단이 달라질 수 있어요.

판사가 하는 중요한 일 중 하나는 바로 이런 법적 사실을 결정하는 것이에요. 검사나 변호사가 제출한 증거를 검토해서 적절한 판결을 내리지요. 어떤 법적 사실을 모아서 어떻게 구성하느냐에 따라서 죄의 크기나 내용이 달라지고 판결도 달라질 수밖에 없어요. 인공 지능은 채택된 법적 사실들을 토대로 형량을 결정하는 마지막 단계에는 도움이 될 수도 있어요. 그건 비교적 간단한 단계니까요. 하지만 가장 중요한 단계, 바로 법적 사실을 구성해 내는 과정을 맡기기는 어렵습니다.

법전에 쓰여 있는 구절은 단 한 줄이지만,
구체적인 현실에서는 수만 가지 일이 벌어져요.

판례는 바뀌건만

또 다른 문제도 있어요. 법정에서는 늘 판례를 존중하고 판례에 따라 판단을 내리는 것이 중요하지만, 그렇다고 해서 늘 똑같은 판단만 내려서도 안 돼요. 사람과 사회는 계속 바뀌어 가거든요. 그래서 사람 판사는 판례를 새로 만들기도 해요. 판례는 계속 바뀌어요. 물론 바뀌기까지 무척 오래 걸리기는 해요. 신중에 신중을 기해야 하니 몇십 년이 걸리기도 합니다. 하지만 많은 판사가 과거에는 채택하지 않았던 법적 사실을 채택함으로써 판례를 바꾸어 나갑니다. 사회의 가치관이 바뀌면서 같은 법적 사실에 대해 다르게 판단하기도 하지요.

예컨대 우리나라에는 대체 복무제가 있어요. 우리나라는 징병제 국가여서, 건강한 성인 남성이면 누구나 군대를 가야 해요. 그런데 종교적인 이유로 혹은 여러 다른 이유로 군대에 가서 총을 드는 것을 거부하는 사람들이 있어요. 개인의 신념에 따라 입대를 거부하는 사람들을 '양심적 병역 거부자'라고 해요. 이런 이들을 위해 군 복무 대신 사회 복지 시설 등에서 다른 방식으로 근무할 수 있도록 하는 제도가 바로 대체 복무제지요.

대체 복무를 법적으로 인정하지 않았을 때에는 군대에 가지 않으면 법을 어긴 것이 되어 감옥에 가야 했어요. 실제로 감옥에 간 사람이 꽤 있습니다. 이런 이들은 죄를 지었다고 할 수 없으니 이들에게 대체 복무를 허용해야 한다는 사회적 여론이 높아지면서 2018년에 이에 관한 새로운 판례가 등장했어요.

"종교적 신념 등을 이유로 한 군 입영 거부는 정당한 사유에 해당돼 무죄라는 판결이 나왔다. 대법원 전원합의체는 1일 현역병 입영을 거부해 기소된 오 모 씨의 상고심에서 대법관 9 대 4의 무죄 취지로 사건을 2심에 돌려보냈다. 양심적 병역 거부를 유죄라고 본 2004년 대법원 전원합의체 판례가 14년 만에 바뀐 것이다. 현재 동일한 사유로 재판을 받는 930여 명의 병역거부자들에 대해서도 줄줄이 무죄 선고가 내려질 것으로 보인다."

2018년 11월 2일 자《한국일보》사설에 실린 글이에요. 어려운 단어가 여럿 등장하지만 핵심을 이해하기는 어렵지 않을 거예요. 양심적 병역 거부에 관해 새로운 판례가 등장한 것을 이야기하고 있지요. 사설에서 언급하듯, 2004년에는 양심적 병역 거부를 유죄라고 판결했지만 14년 만인 2018년에 뒤집어졌어요. 사설에서는 판례가 바뀌면서, 이전이라면 유죄 판결을 받았을 사람들이 앞으로는 무죄가 될 것을 예상하고 있네요.

양심적 병역 거부에 대한 판례는 왜 바뀌었을까요? 사설을 더 보면, 당시 대법원에서는 이렇게 그 이유를 밝혔어요.

"양심적 병역 거부자들의 존재를 이제 국가가 관용하고 포용할 수 있어야 한다."

시대의 변화, 사회의 흐름을 법에 반영하려는 판사들의 고뇌가 엿보이지요. 실제로 당시 우리나라의 국가인권위원회부터 국제엠네스티까지 국내외 여러 인권 단체에서 양심적 병역 거부를 인정해야 한다는 목소리가 드높았어요. 언론에서도 이 문제를 진지하게 다루며 여러 보도를 쏟아 냈지요. 국회 의원들도 이 주제에 관심을 기울여 대체 복무제 관련 법안을 발의하기도 했지요. 이런 사회적 변화와 요구를 법원도 주의 깊게 살핀 끝에 판례를 바꾸게 된 것입니다. 이렇게 사회가 바뀌어 가면서 판례도 그에 발맞추어 조금씩 바뀌어 가지요.

이런 일을 인공 지능이 할 수 있을까요? 인공 지능은 기존 판례를 얼마든지 학습할 수 있어요. 그 판례에만 기초해 판결을 내리면 어떻게 될까요? 아마 가장 보수적인 판사가 내리는 판결과 비슷해질 거예요. 그리고 앞으로 100년이 지나도 판례는 바뀌지 않을 거예요.

인공 지능은 새로운 것과 관계없어요. 그 자리에 멈추어 있어요. 사회 분위기를 반영해 새로운 판례를 내놓는 일은 결코 하지 못해요. 판례를 바꾸는 건 인간입니다. 인간 사회가 먼저 바뀌고 사회의 가치관이 바뀌고 1심 판결, 2심 판결이 바뀐 뒤에야 최종적으로 바뀌는 게 판례니까요.

경제학 용어 중에 '퍼스트 무버fast mover'와 '패스트 폴로어fast follower'라는 표현이 있어요. 퍼스트 무버는 한마디로 새로운 기술과 전략을 만들어 내는 자예요. 이들은 최전선에서 치고 나가죠. 패스트 폴로어는 쉽게 말하자면 2등 전략을 펼치는 사람이에요. 가끔 큰 회사에서 근사한 제품을 만들어 내면, 작은 회사들이 그것과 비슷한 제품을 재빨리 만들어 내는 것을 보았을 거예요. 이런 회사가 바로 2등 전략을 쓴다고 할 수 있어요.

이 개념을 인공 지능에도 적용해 볼 수 있어요. 인공 지능은 얼마나 유능하든 패스트 폴로어예요. 인간이 먼저 움직이지 않으면,

인간은 아직 좌절하지 마

인공 지능은 학습할 것이 없어요. 하지만 인간의 역사에는 늘 퍼스트 무버의 역할을 하는 사람들이 있었어요. 정치, 사상, 예술, 과학, 기술 등 많은 영역에서 퍼스트 무버가 하나씩 이루어 놓으면 나머지 사람들이 그것을 끌어안는 방식으로 역사를 만들어 갔지요. 최초의 판단, 새로운 판단은 언제나 인간의 몫입니다.

윤리적 판단은 맡겨도 될까?

그럼 법적 판단 말고 윤리적 판단은 어떨까요? 무엇이 선한 것이고 무엇이 악한 것인지에 대해 인공 지능이 판단할 수 있을까요? 선과 악의 기준이 분명하면 맡길 수 있을지도 몰라요. 하지만 우리가 흔히 생각하는 것과 달리, 윤리적 판단의 기준은 그리 명쾌하지 않아요. 대체로 문화에 따라 크게 달라져요. 문화가 지리적, 역사적 조건의 제약을 받기 때문이에요. 어떤 문화권에서는 선인 것이, 어떤 문화권에서는 악이 되기도 합니다.

예를 들어 볼까요? 사회에서는 죄를 지은 사람에게 여러 가지 벌을 내리지요. 감옥에 가두는 벌, 곤장 같은 태형, 먼 곳으로 보내

인간의 역사에는 늘 퍼스트 무버의 역할을 하는
사람들이 있었어요.

는 유배 등등 다양한 벌이 있어요. 이 중 가장 최악의 벌은 무엇일까요? 이에 관해 클로드 레비스트로스라는 인류학자가 브라질 아마존강 유역의 선주민을 만난 경험을 기록한 『슬픈 열대』라는 책에서 재미있는 이야기를 했어요.

서양에서는 흔히 곤장과 같은 태형은 야만적인 형벌이라고 보고 벌금형이나 금고형(교도소에 가두어 두는 형벌)은 그보다 세련된 것으로 보지요. 그런데 레비스트로스가 북아메리카 평원 지대에 사는 선주민들을 살펴보니, 이들은 사람을 감옥에 가두어 이동의 자유를 제한하는 형벌을 최악이라고 여겼어요. 사람을 사회적 유대로부터 단절시키는 끔찍한 벌이라고 생각하는 거예요. 그런 각도에서 보면 또 일리 있는 생각이지요? 이렇게 어떤 형벌이 가장 나쁜 것인지는 문화권에 따라 매우 상대적이에요.

'사람을 죽이면 안 된다.'와 같은 윤리는 어떨까요? 흔히 이런 윤리는 어떤 문화권에서도 금기시되는 보편적인 것이라고들 하지요. 그런데 이 역시 깊이 들여다보면, 딜레마 상황에서 누구를 먼저 구할 것인가에 대해서는 사람마다 문화권마다 가치관이 조금씩 달라요.

이런 윤리의 상대성은 자율 주행차를 연구할 때 꽤 심각한 과제로 떠올랐습니다. 자율 주행차, 즉 사람이 없어도 스스로 운전하는 차를 만들려면 어떤 상황에서 어떻게 움직여야 하는지에 대한 기준이 있어야겠지요? 2014년에 미국 매사추세츠공과대학교MIT의 미디어랩이라는 연구소에서는 이와 관련해 흥미로운 실험을 해 보았어요. 자율 주행 자동차가 겪을 수 있는 아홉 가지 사고 상황에 대해서 200여 개국의 200만여 명에게 물어본 거예요. 그 사고 상황이란 이런 것이었어요.

'자율 주행차는 불가피한 상황에서 아기와 할머니 중 누구를 살려야 할까?'

'그대로 달려가면 노인 3명을 다치게 할 수 있고, 차로를 바꾸면 차 안에 있는 젊은이 3명이 다칠 수 있는 상황에서 차로를 바꾸어야 할까?'

이렇게 매우 곤란한 딜레마 상황에서 누구의 생명을 우선시해야 하는지를 물어보았어요. 연구 결과는 무척 흥미로웠어요. 대체로 임산부와 어린이를 먼저 살려야 한다는 답변이 많긴 했으나, 나라마다 문화마다 윤리의 우선순위에 대한 생각이 꽤 달랐습니다. 대만, 중국, 일본과 같은 나라에서는 젊은이와 노인 중 노인을 먼저 살려야 한다고 답한 사람이 다른 나라보다 많았어요. 반면 프랑스와 그리스에서는 둘 중 젊은이를 먼저 살려야 한다고 답한 사람이 많았지요.

앞으로 인공 지능 자율 주행차가 실제로 도로를 달리려면 이런 윤리적인 문제를 포함해 많은 문제를 해결해야 해요. 그런 면에서 갈 길이 아주 멀지요. 그래서 운전자가 없는 인공 지능 자율 주행차가 도로 위를 달리는 것은 쉽지 않을 거예요.

이런 연구는 윤리적 판단 역시, 인공 지능에 모두 맡기기는 어렵다는 것을 잘 보여 줍니다. 윤리적 판단에서 인간의 역할은 앞으로도 계속, 그리고 더욱 중요할 거예요.

3부

이제
인간은 뭘 공부할까?

인공 지능이 따라오지 못하는 인간의 능력이 여전히 꽤 많지요?
인공 지능의 능력과 한계를 알았으니,
이제 인간으로서 우리는 무엇을 해야 할지 알아볼 차례입니다.
이런 인공 지능과 더불어 살아가려면
우리는 무엇을, 어떻게 준비해야 할까요?

외우는 공부를
계속하라고?

인공 지능이 이만큼 발전했으니 인간은 더는 공부하지 않아도 되겠다고 생각하는 사람이 많아요. 당장 청소년들부터 어차피 인공 지능에게 다 시키면 되는데 힘들게 공부할 필요가 있을지 의문을 품어요. 이런 청소년들에게 한 가지 슬픈 소식을 전할게요. 인공 지능이 발전하더라도 인간은 계속 공부를 할 수밖에 없답니다. 왜 그럴까요? 그리고 인공 지능 시대에는 어떤 공부를 해야 할까요? 먼저 생성 인공 지능이 가장 잘하는 '글쓰기'부터 볼까요?

글쓰기는 운동과 같아서

챗지피티가 나오면서 전 세계적으로 중고등학교와 대학교에서 당장 글쓰기 과제를 어떻게 내주어야 할지 혼란에 빠졌습니다. 과제를 할 때 챗지피티 사용을 금지하는 학교도 생겼고요. 어쩌면 학생들은 챗지피티 때문에 더 많은 스트레스를 받을지도 모르겠어요. 글쓰기에 챗지피티를 활용할 수 있게 되면, 전보다 더 나은 글을 써야 하니까요.

그런데 좀 더 근본적인 질문을 해 볼까요? 왜 학교에서는 글쓰기를 많이 시킬까요? 왜 글쓰기가 자꾸 필요하다고 하는 걸까요? 그 이유는 글쓰기가 인간을 인간답게 만드는 데 가장 효과적인 도구이자 몰입과 흥미도 함께 선물해 주는 활동이기 때문입니다. 중요한 것은 글쓰기 그 자체가 아니라, 글쓰기를 통해 기르고자 하는 역량이에요. 우리는 글쓰기를 통해 생각의 근력을 훈련해요. 즉 글쓰기란 생각하는 힘을 기르는 과정이에요. 이 힘은 반드시 내가 직접 글을 써야만 늘어요. 이를 설명하기 위해 재미난 일화를 하나 들려줄게요.

인간은 아직 좌절하지 마

19세기 말에서 20세기 초 우리나라에 처음 테니스가 들어왔을 때의 일이에요. 뜨거운 태양 아래에서 땀을 뻘뻘 흘리며 테니스 라켓을 들고 이리 뛰고 저리 뛰며 공을 치는 사람들을 보며 양반들은 이렇게 말했대요.

"그렇게 힘든 걸 하인들을 시키지 뭐하러 직접 하나?"

테니스를 하인들에게 시키면 테니스가 재미있을까요? 테니스 실력이 늘까요? 당연히 재미도 없고 실력도 제자리겠지요. 테니스 실력은 내가 직접 테니스를 쳐야만 늘어요.

내 생각의 근력을 키우려면 결국 내가 생각을 해야 해요. 내 몸의 근력을 키우려면 내가 운동을 해야 하는 것과 비슷하지요. 태권도 학원에 가서 선생님이 운동하는 모습을 한 시간 동안 뚫어져라 보고 온다고 내 몸에 근력이 생기나요? 아니지요.

글을 쓰는 건 어려워요. 많은 고민과 고통과 좌절이 뒤따르거든요. 글쓰기를 피하고 싶은 건 인지상정이에요. 하지만 생각하는 힘은 누구에게나 필요하니 글쓰기 훈련을 피해 갈 수는 없어요.

글을 쓰는 과정을 한번 돌아볼까요? 글을 쓰려면 먼저 어떤 아이디어가 있어야 해요. 그다음에 글감, 소재를 모아야 하지요. 소재가 분명한 형태로 있는 경우는 없어요. 모호한 소재를 선명하게 구체화하려면 자료를 조사하고 수집해 나가야 해요. 소재가 분명하지 않으면 생각도 명료해지지 않아요. 소재들을 모은 다음에는 이를 자기 힘으로 종합해 내야 해요. 단지 재료를 수집한 것만으로는 안 되고, 그 소재들을 녹여 화학 반응을 일으키고 압축하고 가공하는 과정을 거쳐야 해요. 물론 이런 압축과 가공은 내 머릿속에서 일어나는 활동이지요. 마지막 단계는 그걸 잘 표현하는 거예요.

보통 글쓰기라고 하면 이 마지막 '표현' 단계만을 생각하기 쉬워요. 하지만 글쓰기는 아이디어를 떠올리고, 재료를 모으고, 그걸 잘 종합한 뒤, 표현하는 네 단계로 이루어진 과정이에요. 그 과정을 거치며 생각하는 힘이 길러지죠. 이를 한 번 해 보느냐 열 번 해 보느냐에 따라 생각의 근력이 크게 달라져요.

이 과정을 요리와 비교해 볼까요? 자, 먹고 싶은 음식을 정해요. 그다음에는 필요한 식재료를 모아야 하죠. 모은 뒤에는 물의 양과 온도와 분량과 시간을 잘 맞추어 조리해야 하고요. 마지막에는 예쁘게 상차림을 해야 합니다. 글쓰기 과정과 똑같죠?

나중에 성인이 되면 어떤 회사에서 어떤 업무를 하든 이런 과정을 밟아야 해요. 예를 들어 볼까요? 한 신입 사원에게 사장님의 업무 지시가 떨어졌어요. "경쟁 회사의 제품과 우리 회사 제품을 한

번 비교해 보세요!"

　열의를 가지고 업무에 돌입한 신입 사원. 비교 분석을 위해 경쟁 회사의 제품이 뭐가 있는지 쭉 조사했습니다. 그 리스트를 그대로 사장님에게 드리나요? 그러면 회사를 오래 못 다닐 거예요. 제대로 일을 하려면 자료들을 적절하게 정리하고 종합해야죠. 그러려면 먼저 경쟁 회사와 우리 회사의 제품은 어떤 점에서 다르고, 우리 회사 제품은 어떤 점이 부족한지 조목조목 분석해야 해요. 그러고 나면 우리 회사 제품을 더 잘 팔기 위해 어떤 전략을 세워야 할지 알 수 있어요. 거기까지 하고 나면 마지막으로 이 내용을 보고서로 써서 제출하는 거죠. 글쓰기와 그 과정이 똑같지 않나요?

　글쓰기는 단지 종이에 연필로 쓰는 과정, 혹은 노트북에 타이핑을 하는 일이 아니라 생각하는 힘이라는 인간의 기본 역량을 기르는 보편적인 훈련입니다. 무엇이 더 중요하고 무엇은 필요 없는지 등을 판단한 뒤에 하나로 압축해서 종합해 내는 능력을 훈련하는 거예요.

　운동하지 않고 근육을 키우는 다른 방법이 있나요? 없어요. 생각도 마찬가지예요. 내 생각이 튼실해지려면 글을 써서 정리해야 해요. 직접 써 봐야만 글솜씨도 늘고, 궁극적으로 생각하는 힘이 길

내 생각의 근력을 키우려면
결국 내가 생각을 해야 해요.

러집니다. 글이란 내 사유의 최종 결과물이니까요.

혼자서도 잘할 수 있는 상태로 학교를 졸업해야 사회에서 힘을 발휘할 수 있어요. 그것이 글쓰기의 목표라면 글쓰기는 챗지피티와 상관없이 스스로 더 훈련해야 하는 능력이에요. 자기만의 생각을 갖고 자유롭게 살아가고 싶다면 내 머리와 손으로 글을 써야만 해요.

◈✦
창의성의 바탕은 암기력?
- -

인공 지능 시대에 우리가 꼭 해야 할 또 다른 공부는 바로 '지식 암기'입니다. 저는 창의성을 키우기 위해 지식 암기를 더 많이 해야 한다고 생각해요. 너무 모순되는 말 같나요? 암기, 즉 기억한다는 건 내 머릿속에 뭔가가 들어 있는 상태를 말해요. 기억에는 장점이 많아요. 일단 언제든 빠르게 인출이 가능하지요. 내 머릿속에 있으면 꺼내는 데 0.01초도 안 걸려요. 컴퓨터에서 검색하면 아무리 빨리해도 2, 3초는 걸리잖아요. 지식에 빨리 접속하고 빨리 인출하려면 그 지식을 내 머릿속에 넣어 두는 것이 가장 효과적인 방법이에요.

창의성을 발휘하는 데에도 기억력이 필요해요. 흔히 창의성은 암기와 무관한 활동이라고 오해하는데 그렇지 않아요. 창의성이란 기존에 축적된 지식에 추가로 무언가를 보태는 능력이에요. 그러니 창의적인 작업을 하려면 기존의 것을 잘 이해하고 간직하고 있어야 해요. 새로운 아이디어가 기존의 것과 무엇이 다른지, 그게 어떤 차이를 낳을지 스스로 분별할 수 있어야 창의적인 결과물을 얻을 수 있어요.

사람은 정보를 찾으면서 동시에 생각을 하지는 않아요. 이미 자기 안에 이미 들어와 있는 정보들을 통해 반쯤 무의식적으로 생각을 하지요. 뭔가 궁금한 게 생겼을 때 그 궁금증을 해소하는 방법은 크게 두 가지예요. 하나는 정보를 검색하는 거예요. 또 하나는 내 안에 이미 들어와 있는 지식과 정보를 이리저리 조합해 보면서, 산책하거나 영화를 보면서, 누군가와 대화를 하면서 문득 탁 떠올리는 거죠.

이렇게 탁 하고 생각이 떠오르는 순간이 바로 창의의 순간이에요. 내 안에 잠재적으로 묻혀 있는 정보들이 어떤 외부 자극을 계기로 환기되는 거죠. 뭔가 이질적인 것이 서로 만나면서 불꽃이 튀는 순간, 이런 창의적인 순간을 맞닥뜨리려면 내 안에 지식이 꽤 많이 들어와 있어야 해요.

이것을 빈도로 이야기할 수도 있어요. 보통 사람이 한 달에 한 번 정도 창의의 불꽃이 튄다면, 지식이 남보다 많은 사람은 일주일에 한 번씩 그런 불꽃이 튈 수 있죠. 그런 점에서 창의성을 발휘하려면 질 좋은 지식을 갖고 있는 게 좋아요. 적절히 괜찮은 정보들이 내 안에 들어와 있으면 그걸 조합해서 뭔가 새로운 것을 분출할 기회가 많을 거예요.

그럼 내 안에 지식을 쌓으려면 어떻게 해야 할까요? 암기로 힘들어하는 학생들에게는 슬픈 이야기지만 암기 외에 다른 방법이 없어요. 주기율표에 있는 기호를 내 것으로 만들려면 외우는 것 외에 다른 방법이 있나요?

암기한 지식들은 생각의 벽돌이에요. 멋진 아이디어를 만들어내려면 우선 생각의 재료가 되는 벽돌을 많이 모아야 하지요. 레고로 멋진 작품을 만들려면 일단 블록부터 많이 확보해야 하는 것과 같아요. 중요하지 않은 사실을 억지로 외울 필요야 없지만, 인간이 여기까지 올 수 있는 바탕이 되었던 필수 지식, 살아가는 데에 가장 중요한 지식을 잘 선별해서 외우는 것은 중요해요.

또 인공 지능을 잘 활용하려고 해도 먼저 내가 아는 것이 많아야 해요. 생성 인공 지능과 대화할 때 우리는 프롬프트, 즉 질문을 입력하는 방식으로 해요. 인공 지능에게 좋은 답변을 얻으려면 먼저 질문을 잘해야 하지요. 그러려면 질문하는 사람이 지식을 풍부하게 갖고 있어야 하고요.

인공 지능이 생성해 낸 결과물의 실수나 오류를 판별하는 데에도 내가 가진 지식이 많이 필요해요. 예컨대 컴퓨터 코드를 한번 볼까요? 요즘은 초거대 언어 모델이 그림뿐만 아니라 컴퓨터 코드도 어지간한 것은 다 생성해요. 그런데 컴퓨터 코드에는 개발자들이 붙여 놓은, 이 코드가 무엇을 하는 것인지에 대한 설명이 붙어 있어요. 이를 주석이라고 하지요. 이 코드의 이 부분까지는 어떤 기능을 수행한다는 것을 적어 놓은 거예요. 이런 주석을 다는 것이 개발자에게는 일종의 규칙이에요. 코드를 개발한 당사자마저도 시간이 오래 지나면 그 코드가 무엇을 하기 위한 코드였는지 헷갈리거든요. 그래서 주석의 형태로 미리 메모를 해 두는 거예요. 오픈 소스로 코드를 공개할 때도 이 주석을 잘 달아 놓아야 해요.

그럼 인공 지능도 그 주석들을 학습하면 코드를 짤 수 있겠지요? 그런데 만약 그 많은 코드 중에 잘못된 것이 있어서 인공 지능이 틀린 코드를 학습하면 어떻게 될까요? 챗지피티가 생성한 코드 중에 잘못 짜인 코드들이 부분부분 섞여 있다면? 결국 사람이 들여다봐야 할 거예요. 어디가 잘못되었는지 살펴보고 수정해 가야 하지요.

그렇게 수정을 하더라도 인공 지능을 활용하면 코드를 짜는 속도는 매우 빨라져요. 인공 지능이 밑 작업을 해 놓은 것을 검토하고 수정하면 되니까요. 마치 디자이너가 포토샵의 도움을 받는 것과 비슷하지요. 포토샵 덕분에 디자인을 더 쉽고 빠르게 할 수 있지만 포토샵이 있다고 해서 아무나 디자인을 할 수 있는 것은 아니지요. 아무리 좋은 도구가 옆에 있어도 오류를 파악하고 '전체'를 읽을 줄 아는 능력이 있는 사람이 반드시 필요해요.

결국 내가 지식을 갖는 것, 지식을 암기하는 것은 인공 지능 시대라 해도 피해 갈 수 있는 일이 아니에요. 오히려 더 열심히 해야 해요. 인공 지능이 내놓은 그럴듯한 문장, 그럴듯한 코드에 숨은 오류를 파악하려면 내 안에 정확한 지식과 생각하는 힘을 갖고 있어야 합니다.

수학과
융합적 인간

마지막으로 수학 이야기를 해 볼게요. 인공 지능 시대를 잘 살아가려면 글쓰기, 지식 암기, 수학의 세 가지 공부만큼은 절대 놓으면 안 돼요. 저는 수학을 인문학의 관점에서 봅니다. 수학이 싫어서 문과를 가려고 하는 학생이 많은데 이 무슨 뜬금없는 소리인가 싶지요? 좀 더 설명해 볼게요.

인문학은 뭘까요? 어른들은 흔히 인문학이라고 하면 이른바 '문사철'을 떠올려요. 문학, 사학(역사학), 철학이 곧 인문학이라고 생각하지요. 그런데 사실 이는 최근 약 150년 동안에 만들어진 개념

인간은 아직 좌절하지 마

입니다. 그 전에는 그런 개념이 없었어요. 더욱이 동양 문화권에는 철학이란 말 자체가 학문에 없었지요. 유가, 도가 경전은 있었지만요.

인문학이라는 용어에 대한 오해를 줄이기 위해 인문학의 역사를 조금 설명해 볼게요. 서양의 역사를 보면, 인문학에는 크게 두 개의 흐름이 있어요. 하나는 '스투디아 후마니타티스studia humanitatis' 인데, 영어로 하면 '휴먼 스터디human study', 즉 인간에 대한 연구라고 할 수 있어요. 이 인문학의 전통에서는 말 그대로 주로 인간을 둘러싼 주제들을 연구해요. 가령 죽음이란 무엇일까, 이별이란 무엇일까 같은 것이 바로 이에 속해요.

다른 하나는 '아르테스 리베랄레스artes liberales', 영어로 하면 '리버럴 아츠liberal arts' 전통이에요. 이 리버럴 아츠는 한마디로 교육을 위해 묶어 놓은 교과목들이라 할 수 있어요. 그러니까 서양에서 인문학은 교육과 연구라는 두 가지 흐름이 있었어요.

오늘날에는 이 두 가지를 굳이 구분하지 않고 모두 인문학이라는 말로 포괄하고 있어요. 게다가 대학에서 교수들이 교육과 연구를 모두 담당하고 있으니 더 구분이 안 되지요. 그래도 인문학에는 삶의 의미와 가치, 재미를 주는 공부와, 교육을 위해 필요한 지식을 정교하게 만들어 둔 공부라는 두 가지 흐름이 있다는 것을 알면 인문학을 좀 더 잘 이해할 수 있을 거예요.

그럼 시대를 아우르는 인문학의 핵심은 뭘까요? 여러 가지가 있겠지만, 저는 언어에 대한 사랑을 바탕에 둔 학문이 곧 인문학이라고 생각해요. 대학에도 인문학부라고 하면 대체로 영어영문학과, 국어국문학과와 같이 언어를 중심으로 구성되어 있어요. 인류가 쌓아 온 오랜 언어 기록인 문헌을 좋아하고 그 의미를 따지고 글을 쓰는 학문이 곧 인문학이라 할 수 있어요.

그런데 요즘 시대의 언어는 뭔가요? 단지 글과 말로만 한정되지 않아요. 당장 뉴스를 봐도 그래프가 나오죠? 수식도 나오고요. 이미지와 영상도 중요한 소통 수단이죠. 수학, 과학, 예술, 디지털까지 모두 요즘 시대의 언어라고 할 수 있어요. 동시대 사람들과 함께 세상을 잘 살아가려면 이런 '언어'를 해독할 수 있어야 해요. 언어를 해독하는 능력을 문해력이라고 하는데, 요즘의 문해력은 분야가 아주 넓어진 셈이에요. 이제는 확장된 문해력, 확장된 인문학이 필요합니다. 글을 알아도 디지털이나 수학을 모르면 디지털 문맹, 수학 문맹이라고 할 수 있어요. 현대적인 문맹이지요.

수학의 언어를 알면 인간과 세계를 훨씬 더 깊이 이해하고 세상을 더 잘 살아갈 수 있어요. 이는 수학의 몇 가지 특징 때문이에요. 대표적인 것으로 '추상화'가 있어요. 수학은 모든 사물을 추상화해 이해하는 학문이에요. 예를 들어 여기에 빵이 '네 개' 있다고 해 볼까요? 우리는 어떻게 빵을 '네 개'라고 셀 수 있을까요? 엄밀히 말해 네 개라는 것은 성립하지 않아요. 세상엔 똑같은 게 없잖아요. 첫 번째 것과 두 번째 것이 서로 다르면 비교할 수 없어요. 하지만 우리는 단팥빵, 소금빵, 바게트 등등 여러 가지 모양인 빵을 어느 정도 추상화해서 모두 같은 '빵'이라고 파악해요. 그래서 "빵이 네 개 있다."라고 어렵지 않게 말할 수 있지요. 수학은 그렇게 추상화된 성질의 관계를 탐구하는 학문이에요.

수학은 규모가 어마어마하게 큰 것도 추상화해 내요. 미분을 예로 들어 볼까요? 미분은 우주 삼라만상의 변화를 아주 간단한 수식으로 표현한 것이에요. 전쟁을 할 때 내가 어떤 각도로 포를 쏘아야 적진에 정확히 들어갈지를 계산해 내는 데에 미분이 쓰여요. 또 달에 가려면 어떤 속도로 어떻게 가야 하는지 역시 미분으로 계산하지요. 그래서 수학은 공학의 기초가 되지요.

이렇다 보니 뉴스에 나온 그래프 하나를 보더라도 수학적인 훈련을 받은 사람과 아닌 사람이 각각 얻어 낼 수 있는 정보량에는 큰 차이가 있습니다. 요즘 어른들은 주식 투자도 많이 하는데 수학을 모르고 투자를 하면 그냥 도박을 하는 것과 다름없어요. 어느 회사가 유망한지 알려면 회사의 자산, 자본, 수익, 매출 변동 등등 많은 것을 파악해야 하는데 이것이 모두 수학의 언어로 되어 있기 때문이에요.

이제 수학은 추상화된 세상의 원리를 이해하는 학문이자 또 하나의 언어가 되었어요. 물론 여기서 말하는 수학은 학교에서 주로 하는 수능이나 입시를 위한 문제 풀이는 아니에요. 문제 풀이를 반복하는 것만으로는 수학적 사고력을 충분히 기르기 어려워요. 입시를 위한 문제 풀이와 언어로서의 수학 공부를 구분해서 볼 필요는 있어요. 앞으로 우리는 수학적 사고를 충분히 기르는 공부를 해야 합니다.

수학을 포함하는 확장된 문해력은 미래 사회를 준비하기 위해 우리가 길러야 할 핵심 역량이에요. 언어를 한국어, 영어, 중국어 같은 자연어로만 이해하면 이제 한계가 있습니다. 세상을 읽어 내고 세상에 뭔가를 표현하기 위해 수학의 언어로 세계를 이해하는 공부를 꾸준히 해야 합니다.

수학은 공통 핵심 역량

최근의 한 조사에 따르면 100세 시대에는 평생 동안 누구나 직업을 다섯 번 정도 바꿔야 한대요. 여러분은 앞으로 살다 보면 정말 뜬금없는 직업을 갖게 될지도 몰라요. 이런 시대에는 어른이 되어서도 끊임없이 '재교육'을 받아야 해요. 이미 어른이 된 사람 중에는 재교육을 받기 어려운 사람이 적지 않아요. 학창 시절에 문과와 이과로 갈라져서, 어떤 과목은 깊이 있는 공부를 하지 못한 것이 그 한 가지 원인이에요.

과거에는 고등학생들이 국어 점수가 부족하면 이과를, 수학 점수가 부족하면 문과를 택하는 경향이 있었어요. 지금도 그런 경향이 어느 정도 남아 있지요. 누구나 더 소질 있고 잘하는 분야가 있기는 하지만, 그렇다고 해서 한쪽 분야만 더 깊이 공부하고 다른 분야는 소홀히 한다면, 미래를 충분히 대비하기 어려울 거예요.

미래를 준비한다면 입시보다 더욱 긴 안목으로 봐야 합니다. 앞으로는 대학을 졸업하고 나서 한 10년쯤 직장을 다니다가 서른 살이나 서른다섯 살쯤 직장이나 직업을 바꿔야 할 수 있어요. 그때 기본적으로 갖추고 있는 것이 없으면 선택의 폭이 무척 좁아지게 될 거예요. 안 그래도 나이 들면 무언가 새로운 것을 배우기가 무척 힘들어지는데, 중고등학생 시절부터 배움의 영역을 제한하면 나중에는 더 큰 어려움에 부딪히기 쉬워요.

문과와 이과를 통틀어 '공통 핵심 역량'이라 할 만한 것을 길러야 합니다. 수학이 그중 하나입니다. 인문 사회 계열로 진학하건 이공계로 진학하건 혹은 예체능계로 진학하건 '누구나' 갖추어야 하기 때문에 '공통'이고, 앞으로 인생을 살아갈 때 필수이기 때문에 '핵심'이라고 표현했어요.

융합하는 인간이 되려면

이 공통 핵심 역량, 확장된 문해력을 갖고 있으면 융합 작업이 가능해집니다. 나중에 사회에 나가 보면 알겠지만, 세상이 가장 원하는 것이 바로 이 융합 능력이에요. 융합이란 서로 다른 분야의 작업을 하나로 결합하는 일이에요. 그래서 꽤 어려워요. 게다가 여태까지 했던 것보다 훨씬 수준 높은 결과물이 나와야 융합하는 의미가 있

인간은 아직 좌절하지 마

어요.

그런 작업이 성사되려면 한자리에 모인 전문가들이 서로의 분야에서 멀면 멀수록 좋아요. 로봇 공학자와 발레리나가 만나 보면 어떨까요? 인테리어 디자이너와 프로 게이머가 만나면 무슨 일이 벌어질까요? 각자가 자기 분야에서는 평생 한 번도 생각해 본 적이 없는 것을 다른 전문가에게서 듣는 거예요. 서로 자극을 주고받는 거죠. 그러려면 모두 같은 언어를 구사해야 해요.

융합이란 이질적인 것을 종합하는 거예요. 한 사람이 이질적인 두 가지 능력을 갖추기란 사실 아주 힘든 일이에요. 전문 분야로 깊이 파고들수록 좁아질 수밖에 없거든요. 따라서 반드시 전문 능력을 갖춘 여러 사람이 함께해야 융합의 결과물이 나와요. 융합의 본질은 결국 전문가들의 협업입니다.

연구든 제품이든 서비스든, 융합의 결과가 무척 신선하면 대중적인 호소력이 아주 커져요. 대표적인 것이 바로 스마트폰입니다. 스마트폰은 유일하게 성공한 융합 사례로 꼽혀요. 흔히 기술과 인문학이 절묘하게 융합되어 스마트폰이라는 새로운 세상이 열렸다고들 하지요. 따로 놀던 기술들이 서로 예술적으로 결합함으로써 스마트폰이 탄생했거든요. 전화기, 카메라, 음악 플레이어, 녹음기,

융합이란 이질적인 것을 종합하는 거예요.

메신저, 인터넷 등이 하나로 합쳐지다니, 이 얼마나 놀라운 일이에요! 지금은 이것이 자연스러운 일 같지만, 스마트폰이 등장하기 전에는 결코 그렇지 않았답니다.

기술과 인문학이 융합되면서 스마트폰이라는 멋진 세상이 열렸어요. 영어로 하면 테크놀로지_{technology}와 리버럴 아츠_{liberal arts}의 결합이에요. 흔히 이때의 리버럴 아츠를 인문학이라 번역하는데, 여기서 말하는 리버럴 아츠는 그냥 인문학이 아니라 앞에서 이야기한 확장된 인문학, 확장된 언어 능력이에요. 수학, 과학, 예술, 디지털에 기존의 자연어까지 포괄하는 언어 능력을 일컫지요.

어차피 미래는 몰라요. 그래서 우리는 어떻게 출발할지를 설계할 수밖에 없어요. 출발점에서 중요한 것이 바로 이 확장된 언어 능력입니다. 이 능력을 갖추고 좋아하는 길로 가다 보면 나중에 다른 분야 전문가와 함께 새롭고 놀라운 것을 만들 기회가 생길 겁니다.

삶을 무엇으로 채울까?

그런데 한편으로 이런 생각을 하는 사람도 있을 거예요. 앞으로 인공 지능이 인간의 일자리를 많이 대체하게 된다면, 인간은 아예 일을 하지 않아도 될까?

실제로 인공 지능이 인간의 일자리를 얼마나 대체할지에 대해서는 학자들의 의견이 분분해요. 그래서 정확히 말할 수는 없지만, 한번 그런 사회를 상상해 볼까요? 사회의 제도와 시스템이 개선되어 기계가 인간의 일을 대부분 대신해 준다면, 그래서 먹고사는 문제가 사라진다면 이제 인간은 뭘 하며 살까요?

건물주가 꿈인 청소년이 많다고들 해요. 사실 인류는 늘 그런 꿈을 꾸었어요. 인류는 언제나 '노동'에서 해방되고 싶어 했어요. 자, 어떤 사람이 정말 꿈을 이루어 건물주가 되었다고 상상해 봅시다. 건물에서 다달이 임대료를 받게 되어서 돈 걱정이 없어졌어요. 그럼 이제 남은 인생 동안 무엇을 하며 살아가야 할까요? 돈과 시간이 모두 충분하다면, 앞으로 어떻게 살아야 할까요? 뭐가 우리에게 재미있는 것인가요? 무엇에서 인생의 의미와 가치를 찾을 수 있을까요?

돈이 아무리 많아도 소비가 주는 즐거움은 지속적이지 못해요. 게다가 인공 지능 덕분에 모두가 일을 안 하고 있다면 남에게 자랑하는 것, 부를 과시하는 것에서 오는 재미도 별로 못 누릴 거예요.

인간은 아직 좌절하지 마

그렇다면 이제 다른 재밌거리를 찾아내야 해요. 여행을 가고 맛있는 요리를 먹는 일? 금방 질릴걸요? 그보다는 내 머리와 몸을 써서 즐길 거리를 발견해 내야 합니다.

앞으로는 이것을 정말 진지하게 고민해야 할 거예요. 노동에 매여 있는 동안에는 별로 안 해도 되었던 실존적인 고민을, 노동에서 놓여나는 순간 시작해야 하거든요. 나는 어떻게 살아야 할지, 타인과의 관계는 어떻게 맺어야 할지, 혼자 있을 때 뭘 해야 할지 등등의 질문이 물밀듯이 들이닥칠 거예요. 그 질문에 답하는 것 역시 확장된 문해력, 확장된 인문학입니다. 미래 사회에 우리가 노동이라 부르는 것을 하지 않아도 될 때 삶을 무엇으로 채울 수 있을지 그 고민을 채우기 위해서도 우리는 여전히 공부를 놓을 수 없습니다.

11

인공 지능은
맥가이버 칼일 뿐

인공 지능에는 크게 두 가지가 있어요. 특수 인공 지능과 일반 인공 지능이 있지요. 특수 인공 지능은 한 가지 지적인 활동을 하는 거예요. 예컨대 인공 지능 밥솥은 밥을 잘하죠. 최신 밥솥보다 밥을 잘 짓는 사람은 이제 거의 없어요. 네비게이션은 길 안내를 잘해요. 동네 지리를 손바닥 보듯 훤히 아는 택시 기사들도 이제 네비게이션을 켜고 달려요.

이렇게 한 가지만 잘하는 것이 특수 인공 지능이라면, 일반 인공 지능은 여러 가지 지적인 작업을 두루두루 잘해요. 우리에게 익숙

인간은 아직 좌절하지 마

한 것은 아직 특수 인공 지능이지요.

그런데 챗지피티가 등장하자, 많은 학자가 이것이 일반 인공 지능의 출발점이 아닌가 하고 생각했어요. 챗지피티는 여러 가지를 잘하거든요. 글도 쓰죠, 번역도 하죠, 코딩도 하죠. 인간으로 치면 마치 밥도 짓고 길도 찾고 청소도 하는 것과 비슷해요. 그래서 마이크로소프트의 엔지니어들은 챗지피티의 기반인 지피티-4를 사용하면서 이제 일반 인공 지능의 불꽃이 점화된 것 아닌가 하는 내용의 논문을 쓰기도 했어요. 정말 그럴까요?

저는 맥가이버 칼을 떠올려 봅니다. 맥가이버 칼은 다목적 공구예요. 칼, 톱, 송곳, 드라이버, 가위가 다 들어 있어요. 여러 가지 기능을 갖고 있죠. 그런데 그 칼을 누가 쓰나요? 사람이 쓰죠. 여러 가지 문제를 풀 수 있다 하더라도, 그 푸는 주체는 칼이 아니라 사람이에요. 챗지피티는 여전히 컨트롤 타워로서, 즉 주체로서 어떤 목표를 갖고 해결하기 위해 스스로 작동하지 않아요. 인간이 짜 놓은 틀을 바탕으로 작동하고, 인간이 설정한 목표에 따라 움직여요. 그러니 아주 탁월하지만 도구임에는 변함이 없습니다. 인간과 비교해 보면 아직 차이가 너무 커요. 그러니 인공 지능을 과대평가해서 인간의 가능성을 축소할 필요는 없어요.

돌도끼 하나를 만들려면

인공 지능에는 없는, 인간의 중요한 역량으로 무엇이 있을까요? 앞서 여러 예를 들었지만 저는 가장 중요한 것으로 창의성을 들고 싶어요. 고생물학자이자 인류학자인 앙드레 르루아구랑André Leroi-Gourhan이라는 사람이 있어요. 르루아구랑은 선사 시대 화석이나 뼈, 유적 등을 바탕으로 인류를 연구하는 학자인데, 창의성과 관련해 재미있는 이야기를 했어요.

선사 시대의 인간은 돌도끼를 만들어 썼죠. 돌도끼는 인간의 창의성이 낳은 결과물이에요. 언뜻 보면 그냥 돌을 깨서 만든 별것 아닌 도구 같지만, 결코 그렇지 않아요. 고고학을 연구하는 한 대학 교수님께 이런 석기를 지금 만들 수 있는지 여쭈어봤어요. 그랬더니 혼자서는 절대 못 하신대요. 여러 사람이 함께 모여서 일주일쯤 실습하면서 만드는 법을 일일이 익혀야 간신히 하나 만들 수 있다고 하시더군요. 그만큼 어려운 기술이에요. 지금도 이럴 정도이니, 선사 시대 인간에게 이 석기를 만드는 방법을 알아낸 것은 당시로서는 인공 지능을 발명한 것만큼이나 놀라운 성과예요.

이 돌도끼 하나를 만들어 쓰려면 얼마나 많은 기억이 필요할까요? 르루아구랑에 따르면 6단계의 연속 기억이 필요해요. 먼저 돌도끼를 만들 몸돌이 될 원석을 잘 선택해야 해요. 수많은 돌 중에서 그런 원석을 알아보는 지식이 필요하지요. 그리고 이 몸돌을 깨는 방향과 순서가 정해져 있는데 하나라도 어긋나면 원하는 도끼를 만들 수 없어요. 돌을 깨는 방향, 세기, 각도, 순서 등이 모두 딱 맞아야 해요. 그에 관한 지식을 단계별로 잘 기억해 두어야 해요. 이렇게 6단계 기억력을 가진 생명체는 우리 인간밖에 없다고 합니다. 침팬지나 오랑우탄도 도구를 쓰고 기억력도 있지만 3단계 이상을 기억하지 못해요.

그런 귀한 기술을 발견했는데, 그걸 발견한 사람이 죽으면 어떻게 될까요? 지상에서 이 기술은 사라지는 거예요, 영원히. 그래서 이런 기술은 발견하는 것도 중요하지만 널리 확산되는 것도 매우 중요해요. 시작은 어떤 천재적인 한 사람이 했을지라도, 그것이 널리 퍼져서 여러 사람이 기억해야만 창의적인 결과물이 이어질 수 있어요. 천재 혼자 발견하고 기억했다가 죽으면 그냥 끝이에요. 동료들과 미래 세대에게 가르쳐야 사라지지 않아요. 그런 확산이 바로 우리가 교육이라고 부르는 활동이지요.

인간이 공부하는 이유

집단적으로 기억을 갖고 있어야 인류는 살아남을 수 있어요. 이른바 집단 기억, 사회 기억이라는 것은 인간다움의 특징이에요. 그러니까 인류는 최초부터 집단이었어요.

오늘날 지구 위의 사람들이 하는 역할 중 하나는 천재들이 확보한 것을 계속 지키고 다음 세대에 전수하는 역할이에요. 그런 재생산이 사라지게 되면, 생산을 담당한 천재들은 결국 아무것도 아니게 되지요. 그래서 우리가 천재들을 좋아하고 존경하고 경탄할 때, 천재의 발견을 알아차리고 공유하고 전달하는 평범한 다른 사람들의 역할도 그 못지않게 크다는 걸 잊으면 안 돼요.

이 축적된 지식은 일종의 도서관이라고 할 수 있어요. 크게 보자면 도서관과 학교의 결합이 결국 인간 사회, 인간 문명, 인간 역사지요. 지식과 기술은 무엇이든 금방 사라질 수 있어요. 휘발성이 강해요. 그러니 우리가 지금 쓰고 있는 기술, 아직 사라지지 않은 기술은 인류가 모두 함께 구축하고 유지한 것이라 할 수 있어요. 그래서 학교가 있고 교육이 이루어지고 있다는 건 위대한 거예요. 교육

집단적으로 기억을 갖고 있어야 인류는
살아남을 수 있어요.

이 작동하고 있다는 자체가 위대한 거예요.

인간은 늘 자신의 한계를 넘어서 왔어요. 인간은 현재 그 자리에서 고인 물로 머물지 않아요. 계속 극복하고 넘어서고 그것이 축적되어서 여기까지 왔어요. 맨 처음 넘어서는 인간은 최첨단에 있는 몇몇이죠. 그들이 발견하면? 그다음이 더 재미있어져요. 다른 사람들이 다 배워요. 그래서 따라잡아요. 그다음엔? 또 누군가가 넘어서요. 그렇게 최고 수준의 경쟁 속에서 인간은 계속해서 발전해 가요. 인간은 공동 존재고 협업하는 존재예요.

"인간은 집단적으로 창의적이다."

아구스틴 푸엔테스Agustin Fuentes라는 인류학자가 『크리에이티브』라는 책에서 한 말이에요. 그 말의 뜻이 이제 이해가 되지요?

인공 지능 시대에도 인류는 다 같이 배워야 해요. 물론 학교에서 가르치는 교과목이 인류가 쌓은 지식의 전부는 아니에요. 하지만 그 안에는 인간을 인간으로 만들어 온 핵심 지식이 상당 부분 담겨 있어요. 우리는 공부하는 것 그 자체로 인간다움을 실천하고 있는 것이죠. 우리는 문명의 주춧돌 역할을 하고 있어요. 우리가 있어야 나머지도 있어요. 각자는 모두 소중한 자리에 있는 거예요. 인공 지능은 그간 인간이 해 온 일에 단지 빨대를 꽂아 작업할 뿐이죠.